环境设计学科研究生校企联合培养的
探索与实践 第二季
Exploration and Practice of the School and Enterprise Joint Training
of Environmental Design Graduates Second Season

四川美术学院·深圳市田路装饰集团股份有限公司
校企联合研究生工作室
Presented by Sichuan Fine Arts Institute &
Shenzhen Oriental Home Decoration Group Co., Ltd.

■第一季成员

行

环境设计学科研究生校企联合培养的
探索与实践　第二季

Walking

Exploration and Practice of the School and Enterprise Joint Training
of Environmental Design Graduate　Second Season

潘召南　肖平　等著
Pan Zhaonan, Xiao Ping, et al.

艺术学（艺术硕士）研究生教学改革系列丛书编委会　Editorial Board of Postgraduate Education Reform Series（Art & MFA）

名誉主任 Honorary Director

罗中立　Luo Zhongli

主　任 Director

庞茂琨　Pang Maokun

委　员 Committee Member

（按姓氏拼音排序　In alphabetical order by pinyin of last name）

段胜峰　Duan Shengfeng
方晓风　Fang Xiaofeng
苟欣文　Gou Xinwen
杭　间　Hang Jian
郝大鹏　Hao Dapeng
侯宝川　Hou Baochuan
黄　政　Huang Zheng
姜　峰　Jiang Feng
焦兴涛　Jiao Xingtao
琚　宾　Ju Bin
李　强　Li Qiang
龙国跃　Long Guoyue
罗　成　Luo Cheng
潘召南　Pan Zhaonan
王天祥　Wang Tianxiang
王　铁　Wang Tie
肖　平　Xiao Ping
辛向阳　Xin Xiangyang
杨吟兵　Yang Yinbing
张　杰　Zhang Jie
张宇锋　Zhang Yufeng
张　月　Zhang Yue
左　益　Zuo Yi

撰稿 Writers

潘召南　Pan Zhaonan
肖　平　Xiao Ping
杨邦胜　Yang Bangsheng
琚　宾　Ju Bin
姜　峰　Jiang Feng
颜　政　Yan Zheng
孙乐刚　Sun Legang
罗钒予　Luo Fanyu
杨怡嘉　Yang Yijia
王恋雨　Wang Lianyu
王　康　Wang Kang
高彦希　Gao Yanxi
周筱雅　Zhou Xiaoya
周勇江　Zhou Yongjiang
贾春阳　Jia Chunyang
达发亮　Da Faliang

主办单位 Host Unit

四川美术学院
深圳广田装饰集团股份有限公司
Sichuan Fine Arts Institute & Shenzhen Grandland Decoration Group Co.,Ltd

执行机构 Executor

四川美术学院研究生处
四川美术学院设计艺术学院
广田建筑装饰设计研究院
Postgraduates Office and Design College of Sichuan Fine Arts Institute & Grandland Construction Decoration Design Institute

重庆市教育委员会研究生教改项目
Postgraduate Educational Reform Project of Chongqing Education Committee

四川美术学院生态设计与可持续发展的创新性研究团队
Innovative Reasearch Team of Ecological Design and Sustainable Development of Sichuan Fine Arts Institute

《四川美术学院设计学科校企联合研究生培养工作站的探索与实践》成果
Achievement of *Discovery and Practice of the College and Enterprises Joint Training for Postgraduates of Design from Sichuan Fine Arts Institute*

四川美术学院·深圳广田装饰集团股份有限公司
校企联合培养研究生工作站（环境设计学科）
Sichuan Fine Arts Institute & Shenzhen Grandland Decoration Group Co.,Ltd
The College and Enterprises Joint Postgraduates Training Studio (Environmental Design)

项目管理：四川美术学院研究生处苏永刚、四川美术学院设计学院段胜峰
Project Managers: Su Yonggang—Postgraduates Office of Sichuan Fine Arts Institute
　　　　　　　　 Duan Shengfeng—Design College of Sichuan Fine Arts Institute

---

学术委员会 Academic Council

（按姓氏拼音排序　In alphabetical order by pinyin of last name）

郝大鹏　Hao Dapeng
姜　峰　Jiang Feng
琚　宾　Ju Bin
龙国跃　Long Guoyue
潘召南　Pan Zhaonan
庞茂琨　Pang Maokun
王天祥　Wang Tianxiang
肖　平　Xiao Ping
张宇峰　Zhang Yufeng
赵　宇　Zhao Yu

工作站负责人 Studio Directors

潘召南（校方站长）College Director: Pan Zhaonan
肖　平（企方站长）Enterprise Director: Xiao Ping

导师团队 Tutors

校方 - 潘召南　龙国跃　赵　宇　许　亮　杨吟兵
College Tutors: Pan Zhaonan, Long Guoyue, Zhao Yu, Xu Liang, Yang Yinbing

企业 - 肖　平　姜　峰　杨邦胜　琚　宾　颜　政　孙乐刚　刘　波　严　肃　李　行
Enterprise Tutors: Xiao Ping, Jiang Feng, Yang Bangsheng, Ju Bin, Yan Zheng, Sun Legang, Liu Bo, Yan Su, Li Hang

工作组 Administration Group

校方管理人员 - 刘珊珊　李　秋
College Group: Liu Shanshan, Li Qiu

企业管理人员 - 邓　薇　崔　俊　欧阳林
Enterprise Group: Deng Wei, Cui Jun, Ouyang Lin

进站学生：
杨怡嘉　王恋雨　王　康　高彦希　周筱雅　周勇江　贾春阳　达发亮
Participating Postgraduates: Yang Yijia, Wang Lianyu, Wang Kang, Gao Yanxi, Zhou Xiaoya, Zhou Yongjiang, Jia Chunyang, Da Faliang

行
环境设计学科研究生校企联合培养的探索与实践　第二季

Walking
Exploration and Practice of the School and Enterprise Joint Training of Environmental Design Graduate　Second Season

"川美·广田校企联合培养工作站"项目简介

Introduction of the College and Enterprises Joint Postgraduates Training Studio of Sichuan Fine Arts Institute & Shenzhen Grandland Decoration Group Co.,Ltd

四川美术学院　深圳广田装饰集团股份有限公司
校企联合培养研究生工作站（环境设计学科·深圳站）简介

Sichuan Fine Arts Institute & Shenzhen Grandland Decoration Group Co.,Ltd
About the College and Enterprises Joint Postgraduates Training Studio (Environmental Design · Shenzhen)

　　四川美术学院 深圳广田装饰集团股份有限公司 校企联合培养研究生工作站（环境设计学科·深圳站），简称"川美·广田研究生工作站"。川美·广田研究生工作站本着"互惠共享、互利共赢、共同发展"的原则，于2014年5月在中国深圳市正式挂牌成立，是中国环境设计学科第一个校企联合培养研究生工作站。

　　Sichuan Fine Arts Institute & Shenzhen Grandland Decoration Group Co.,Ltd: the College and Enterprises Joint Postgraduates Training Studio (Environmental Design · Shenzhen) is known as "SCFAI · Grandland Postgraduates Training Studio" for short. Based on the principles of "reciprocal sharing, mutual benefit with win-win strategy and joint development", SCFAI · Grandland Postgraduates Training Studio was formally established in May 2014, which was the first college and enterprises joint postgraduates training studio of environmental design in China.

宗旨 Aim

　　充分发挥四川美术学院的设计学科优势和深圳市广田建筑装饰设计研究院的行业优势，双方共建发展平台，共享信息资源、人力资源、科技资源，创新学校人才培养模式、提升企业综合发展实力。

　　Taking full advantages of design disciplines in SCFAI and leading position of Shenzhen Grandland Architecture & Decoration Design and Research Institute, we aim at building a development platform to share information resources, human resources and technology resources in order to create a new talents training mode in the college and to improve comprehensive development capacity of the enterprise.

"川美·广田校企联合培养工作站"项目简介
Introduction of the College and Enterprises Joint Postgraduates Training Studio of Sichuan Fine Arts Institute & Shenzhen Grandland Decoration Group Co.,Ltd

运作方式 Operating Mode for Environmental Design Postgraduates

整合高校学科资源和企业社会资源，建立高校与企业合作的平台，通过设计企业的优秀设计师带项目\课题进站，成为驻站导师；在校研究生通过遴选进站的方式，成为进站研究生。驻站导师在企业里指导研究生参与实际项目或者进行课题研究，将最前沿、最实用的经验传授给学生；进站研究生进入到企业实际的工作环境中，实现在校生与企业员工身份的磨合与过渡，通过这种身份的转换实现真正意义的产、学、研结合的目标，并获得在校园里无法学习到的知识与能力。

By integrating college academic resources with enterprise social resources and by building the platform of cooperation between colleges and enterprises, excellent designers will bring in projects to become residency tutors, while postgraduates in school will become residency postgraduates after selection. Residency tutors teach students cutting-edge and most practical experiences by mentoring them in doing actual projects or researches in companies; residency postgraduates fully achieve the goal of combining manufacturing, learning and researching and gain knowledge as well as capabilities that are not taught in school during the transition from a student to an employee in a real working environment.

每期进站研究生实践时间为每年9月至第二年5月（共8个月），每年5月至6月在工作站（深圳）或学校（重庆）举行进站学习成果汇报展览。

Each season, the practice in workstation will start at September and last till May of the next year(altogether 8 months). Every year in May to June, report exhibition of learning achievement in workstation will be held in workstation (Shenzhen) or at school (Chongqing).

建站意义 The Significance of Postgraduates Training Studio

作为环境艺术设计学科国内第一个校企联合培养研究生工作站，针对目前高校设计学科研究生培养与社会企业需求脱节的问题，为高校培养高层次人才创建全新的平台和专业环境，并为建站及进站企业所需高层次、核心竞争人才及核心队伍建设提供坚实和可持续保障。

As the first college and enterprises joint postgraduates training studio of environmental design in China, the Studio gives attention to the gap between design postgraduate education in college and the demand of enterprises in society and then provides a new platform with professional environment for colleges to cultivate advanced talents so as to give firm and sustainable supply of advanced talents and teams with core competitive capacities to meet the demand of residency enterprises.

川美·广田研究生工作站将通过建立院校、企业联盟的方式，促进企业与高校的广泛合作与交流；创新设计教育高端人才培养模式，推动设计教育与设计行业接轨；传承中国设计精神，激发青年学子实现设计强国的梦想与热情。

Through the cooperation between colleges and enterprises, SCFAI · Grandland Postgraduates Training Studio will promote cooperation and communication between enterprises and colleges, create a new mode for high-end design talents training to promote the integration between design education and design industry, inherit the Chinese design spirit and stimulate young students' dream and passion to make China a strong country of design.

四川美术学院　深圳广田装饰集团股份有限公司

校企联合培养研究生工作站（环境设计学科·深圳站）站长简介
Sichuan Fine Arts Institute & Shenzhen Grandland Decoration Group Co.,Ltd
Studio Directors of the College and Enterprises Joint Postgraduates Training Studio (Environmental Design · Shenzhen)

潘召南
Pan Zhaonan

毕业院校：四川美术学院
工作单位：四川美术学院
职务：四川美术学院创作科研处处长
专业职称：教授、资深室内设计师、国际A级景观设计师

个人荣誉

■ 2004年8月，被中国建筑装饰协会评为首届全国杰出中青年室内建筑师。
■ 2005年4月，被感动中国建筑设计高峰论坛评为"中国最具影响力的设计师"。
■ 2006年3月，被中国建筑装饰协会评为"全国资深室内建筑师"。
■ 2006年9月，劳动部与国际商业美术设计协会授予"A级景观设计师"。
■ 2007年12月，光华龙腾奖"中国设计业十大杰出青年"全国评委。
■ 2011年1月，任重庆市设计委员会主任委员。
■ 2012年，中国建筑装饰协会学术委员。
■ 2015年3月，获"2014中国设计年度人物"荣誉。
■ 2015年11月，光华龙腾奖"中国设计业十大杰出青年"全国评委，国科奖。
■ 2015年12月，被聘为吉林艺术学院兼职教授。
■ 2016年4月，被聘为教育部人文社科项目评审专家。

设计主张

功能与形式

当我们面对一个项目时常常先考虑项目本身的使用功能问题，而后再考虑视觉形式与文化的问题，这已经是惯常的设计程序，这也是现代设计的基本法则(1837年美国雕塑家格林若斯第一次提出形式服务于功能)。但这里存在两个问题，一个对象将被进行两次不同目的分解处理，先功能、后形式，而没有把设计目标放在整体的层面上思考。所谓整体即将多种系统的功能与形式贯穿于设计的始终，而不是孤立的。

设计的社会角色

设计师都有自己的理想，但我们要清醒地认识到设计在社会工作中的任务和角色。设计不能给人们创造幸福和快乐，设计只能通过设计师理解的方式创造上人们找寻快乐的条件，只有通过自己在体验环境条件的同时才能感受到是否快乐。这要求设计师在设计时必须拟己化，打动自己、体验到快乐，才能打动他人，让他人感到快乐。这是设计的伦理，也是设计的方法。

关于创新

设计最可贵的是创新，但不是凭空想象，不是所有的新事物都是有价值的，我们之所以感到责任之重、工作之艰苦，是因为限制太多、条件相同、要求相似、方式相近，而教条一样。因此，我们要通过自己的认识、体验、理解、判断，去寻求突破、创新。这是最艰辛，也是最有价值的劳动。

代表性作品与获奖经历

■ 2010年10月，作品"丽江古城民居风貌旅游度假酒店（五星级）建筑、环境、室内设计"获首届中国国际空间环境艺术设计大赛"筑巢奖"铜奖。
■ 2012年10月，设计作品"重庆中国当代书法艺术生态园规划设计"获中国美术家协会环境艺术委员会主办第五届"为中国而设计"最佳创意奖。
■ 2014年1月，参与主研科技部"十二五重大国家科技支撑项目——中国传统村落民居营建工艺保护、传承与利用技术集成"。
■ 2014年5月，完成重庆科技学院艺术馆建筑方案设计。
■ 2014年11月，合作作品"四川美术学院校园环境设计"获第十一届全国美展铜奖。

著作与教材

《生态水景观设计》，西南大学出版社；《室内设计师培训考试教材》，中国建筑工业出版社；《景观设计师培训考试教材》中国建筑工业出版社；《寻　环境设计学科研究生校企联合培养的探索与实践》。

发表论文

《消费时代的消费设计》；《在生活中寻找设计的原点》；《趋同与不同——关于城市环境中的人文意义》等。

"川美·广田校企联合培养工作站"项目简介
Introduction of the College and Enterprises Joint Postgraduates Training Studio of Sichuan Fine Arts Institute & Shenzhen Grandland Decoration Group Co.,Ltd

肖 平
Xiao Ping

毕业院校：四川美术学院
工作单位及职务：深圳广田装饰集团股份有限公司副总经理，
深圳市广田建筑装饰设计研究院院长、董事、创意设计总监

行业荣誉

中国建筑装饰协会设计委员会执委会委员。
四川美术学院设计学（环境艺术）专业硕士研究生导师。
中国建筑装饰协会专家库专家。

个人荣誉

■ 2014年第九届中外酒店白金奖2014年度高端酒店终身荣誉设计师。
■ 2013第五届"照明周刊杯"中国照明应用设计大赛特等奖（全国唯一金奖）。
■ 2013年度中国室内设计卓越成就奖。
■ 2013年度室内设计行业杰出贡献奖。
■ 2013年中国酒店创新峰会2013年度杰出影响力酒店行业设计师。
■ 2012年度全国有成就的资深室内建筑师。
■ 2012年第七届中外酒店白金奖。
■ 2012年度十大国际酒店设计师。
■ 2011-2012年度第二届国际环艺创新设计大赛十大最具影响力设计师。
■ 2011-2012年度第二届国际环艺创新设计大赛十大最具创新设计人物。

项目荣誉

2014年主持设计"遵义宾馆"荣获2014年亚太第五届中国国际空间环境艺术设计大赛"筑巢奖"酒店空间方案类金奖。
2014年主持设计"遵义宾馆"荣获2014年度中外酒店白金主题酒店设计白金奖。
2013年主持设计"成都太平洋国际饭店"荣获2013年亚太第四届中国国际空间环境艺术设计大赛"筑巢奖"酒店空间方案类金奖。
2013年主持设计"三亚亿隆温德姆至尊酒店"荣获2013年亚太第四届中国国际空间环境艺术设计大赛"筑巢奖"优秀奖。
2013年主持设计"月亮湾滨海旅游度假区一期建设项目展示中心工程项目"荣获2013"居然杯"CIDA中国室内设计大奖公共空间·商业空间奖。
2012年主持设计"三亚亿隆温德姆至尊酒店"荣获2012年度中外酒店最佳精品酒店设计白金作品奖。
2012年主持设计"天津恒大绿洲餐饮、娱乐、运动中心"荣获第七届中国国际设计艺术博览会"华鼎奖"餐饮娱乐空间类一等奖。
2011年主持设计"上海恒大会所"荣获2011年亚太第二届中国国际空间环境艺术设计大赛"筑巢奖"餐饮与娱乐空间方案类金奖。

设计主张

讲一个故事，先打动自己，再去感动别人；做一个产品，自己先试用，再推向市场。设计无优劣之分，只有不足之处，好用、好看，匠心精湛，别无他求。

四川美术学院 深圳广田装饰集团股份有限公司

校企联合培养研究生工作站（环境设计学科·深圳站）驻站导师

Sichuan Fine Arts Institute & Shenzhen Grandland Decoration Group Co.,Ltd
Studio Advisors of the College and Enterprises Joint Postgraduates Training Studio (Environmental Design · Shenzhen)

姜　峰
Jiang Feng

姜峰室内设计有限公司总经理、总设计师，国务院特殊津贴专家，教授级高级建筑师，高级室内建筑师，建筑学硕士，中国建筑学会室内设计分会副会长，中国建筑装饰协会设计委副主任

设计主张

我们一直坚信：设计师的责任，就是在人间创造天堂。

杨邦胜
Yang Bangsheng

毕业院校：清华大学美术学院环艺系
工作单位：YANG 酒店设计集团
职务：YANG 酒店设计集团创始人、设计总监
专业职称：高级室内设计建筑师

设计主张

创意的根源

对客户的尊重并不等于要无条件满足业主的任何要求。做设计不能没有原则，一味满足业主不正确的需求，只会让设计面目全非，浪费业主的资金，最终损害客户的利益。所以做设计要先做人，人正作品才直。人只有一片心灵的纯净，才能容纳世间更多美好的事物，才能产生智慧。而这些都是帮助我们创意的根基，也只有保持自我内心的本真，才能让我的作品更有力量。

设计的最高境界

设计的最高境界是将自然融入其中，这里所说的自然，是一种"重天成，反生造"的理念，使设计给人以无状之状的感觉，看不出经过刻意设计，好像把某样事物还原了，但又似乎有所不同，设计充满灵气，而不只是匠气。

"川美·广田校企联合培养工作站"项目简介
Introduction of the College and Enterprises Joint Postgraduates Training Studio of
Sichuan Fine Arts Institute & Shenzhen Grandland Decoration Group Co.,Ltd

琚 宾
Ju Bin

HSD水平线室内设计有限公司（北京｜深圳）创始人、设计总监，中央美术学院建筑学院、清华大学美术学院实践导师，高级建筑室内设计师

设计主张

致力于研究中国文化在建筑空间里的运用和创新，以个性化、独特的视觉语言来表达设计理念，以全新的视觉传达来解读中国文化元素。

在作品中，将"当代性"、"文化性"、"艺术性"共融、共生，以此作为设计语言用于空间表达。从传统与当下的共通、碰撞处，找寻设计的灵感；在艺术与生活的交错、和谐处，追求设计的本质。在历史的记忆碎片与当下思想的结合中，寻找设计文化的精神诉求。

颜 政
Yan Zheng

深圳市梓人环境设计有限公司 设计总监

设计主张

创造一个空间仿佛拍摄一部电影——首先，需要理解未来作品的精神归属和价值认同，并以此为主线，展开空间的故事情节。而有关风格、材料、灯光以及陈设都是服务于特定的内在抒发即将被DIY重组的角色，没有哪一个角色可以孤立地存在。脱离了情感和生命感动的这条主线，任何一个孤立环节的"优秀"都是平面的，吹拂可散。

四川美术学院 深圳广田装饰集团股份有限公司

校企联合培养研究生工作站（环境设计学科·深圳站）驻站导师

Sichuan Fine Arts Institute & Shenzhen Grandland Decoration Group Co.,Ltd
Studio Advisors of the College and Enterprises Joint Postgraduates Training Studio (Environmental Design · Shenzhen)

设计主张

　　设计首先是实用美术的范畴，是要为人服务的，开展一项设计，再好的理念也应满足这项基本要求，设计师应站在生活的前沿，适度、适时地把新的生活方式和新的体验融入设计中，带给使用者全新感受。好的作品如一缕清风，吹及内心，好的设计也应体现投资方的价值需求，是艺术表达和使用要求的合体。

孙乐刚
Sun Legang

毕业院校：法国 CNAM 学院
工作单位：广田装饰集团股份有限公司
职务：董事、副院长、一分院院长（兼）
专业职称：高级室内设计建筑师

设计主张

　　确信有一种美可以在东方与西方、古代与现代、时尚和经典之间通行自由，并且以此为团队和个人的追求目标。由于深知在专业的道路上，永无止境可言，在创造出能感动人心的作品的过程中，得以深知，自由是源于自律，空间是来源于凝聚，而创造出能经历时间考验，无拘于东方和西方形式的经典，必然是来自于人们内心深处的虔诚。

刘　波
Liu Bo

酒店室内设计师、艺术家、收藏家、PLD 刘波室内设计（深圳）有限公司创始人、PLD 刘波设计顾问（香港）有限公司创始人、深圳室内设计师协会（SZAID）会长、中国建设部建筑装饰协会专家、中国杰出中青年室内建筑师

"川美·广田校企联合培养工作站"项目简介
Introduction of the College and Enterprises Joint Postgraduates Training Studio of
Sichuan Fine Arts Institute & Shenzhen Grandland Decoration Group Co.,Ltd

严 肃
Yan Su
毕业院校：瑞士伯尔尼应用科技大学建筑硕士，北京林业大学景观设计研究生
工作单位：深圳市广田建筑装饰设计研究院
职务：深圳市广田建筑装饰设计研究院副院长，五分院及园林景观分院院长

设计主张

设计有所为，有所不为。

可持续设计虽然社会提倡，大家耳熟能详，但要把各种资源之间的关联性、互补性、差异性因地制宜地组合在一个项目里，却不是件容易的事，也不是设计师单方面就能完成的。怎样才能把可持续设计手法运用于实践当中，怎样与商业的地域文化、现代文化相结合，却又不生硬地喧宾夺主，而是巧妙地隐于其中。可持续设计提倡的节能、舒适性，是否与我们传统的建筑理念有相通共生之处？

"天人合一"是可持续设计理念最新也是最古老的解读——天：我们的环境；人：环境中的我们；友好的、舒适的、优美的、共生共荣……

李 行
Li Hang
毕业院校：湖北美术学院设计系文学学士
工作单位：深圳市广田建筑装饰设计研究院
职务：深圳市广田建筑装饰设计研究院副院长、四分院院长

设计主张

设计的目的与意义在于通过巧妙的设计构思来营造出特定的空间，以形成特定的氛围，使身处当中的人产生独有的视觉体验。

行　环境设计学科研究生校企联合培养的探索与实践　第二季

Walking
Exploration and Practice of the School and Enterprise Joint Training of Environmental Design Graduate　Second Season

序　Preface

教学相长　产教融合

牟延林
Mu Yanlin

重庆市教委副主任

　　研究生教育如何更好开展？这是一个在我职能范围内应该思考的事情。一直以来，我就带着这个问题观察与思考。四川美术学院·深圳广田研究生联合培养工作站的探索与实践，为我提供了一个观察的窗口，对我亦有很大的启发。其探索，概言之可谓"教学相长 产教融合"，我认为，这是深化研究生教育改革的必由之路。

　　四川美术学院环境设计学科在设计之都、中国改革开放的前沿——深圳，选择中国最大的建筑装饰设计企业——广田股份集团建立了研究生校企联合培养工作站。工作站依托广田集团建立，同时又作为一个开放的平台，聘任了广田建筑设计研究院以及深圳诸多著名的设计师担任工作站研究生导师。在与川美的诸多交流之中，我常常听他们说起这个工作站。同时，在艺术硕士学位点专项评估中又有幸与企业工作站站长肖平先生交流，对肖平先生的为人与言谈颇有好感。因此，几次都说去深圳实地去考察一下，最后终于在今年3月18日、19日成行。

　　我和市教委学位办陈渝主任在四川美术学院研究生处处长苏永刚、科研处处长潘召南（也是广田工作站学校方的站长）、教务处处长王天祥一行陪同下，于3月18日下午先后考察了深圳广田集团高科企业园，参观了工作站导师姜峰所在杰恩设计公司，晚上与川美校友会会长一行小聚。3月19日，在工作站导师杨邦胜酒店设计集团会议室参加了企业设计工作站年度研究生教学中期检查。八名研究生逐一汇报，导师们逐一点评。学生报告固然不甚完美，但诸如"标准化设计与装配化施工"、"公共空间的座位设计研究"、"趣城计划"、"图说壁炉"、"老年住宅设计"、"大连地铁站设计"、"文人画中的山水起居"等选题和报告，或在问题意识、或在演讲报告、或在研究方法等方面，亮点纷呈，导师点评，亦多言简意赅，可谓点睛之笔。企业工作站的导师们以他们丰富的实战经验和高深的学术水平，引领研究生们在很短时间内成为了一批让人刮目相看的青年设计师；而研究生们的视角和努力，或许也在某个方面开启了导师或企业可能拓展的新的知识或实践领域。正可谓"教学相长"，在这样一个周末，师生在思想的激荡中相互滋养和成长。

　　实践类学科的研究生教学，要得到有效开展，我一直认为，"产教融合"是必由路径。基于专业原因，我不能完全从环境设计学科内部来观察其研究生培养的成效，但通过参观企业实践基地和实际观摩其中期检查，更加验证和强化了我对这一观点的认识。长久以来，我们的研究生教育更强调的是理论知识的学习与研究，忽视了来自学生成长和企业实践中的需求，如何通过搭建有效的"产教融合"平台，设计有效的"产教融合"机制，促进研究生培养真正以需求为导向，是当前我们深化改革中要着力的突破口。四川美术学院研究生校企联合培养研究生工作站，为我们重庆市乃至全国研究生教育改革提供了一个范例与经验。

　　工作站站长潘召南先生嘱我作序，我用在工作站教学检查中的一句发言作为对这个工作站建设的期望，这就是：深圳味道、川美形象、中国风格。

目录　Contents

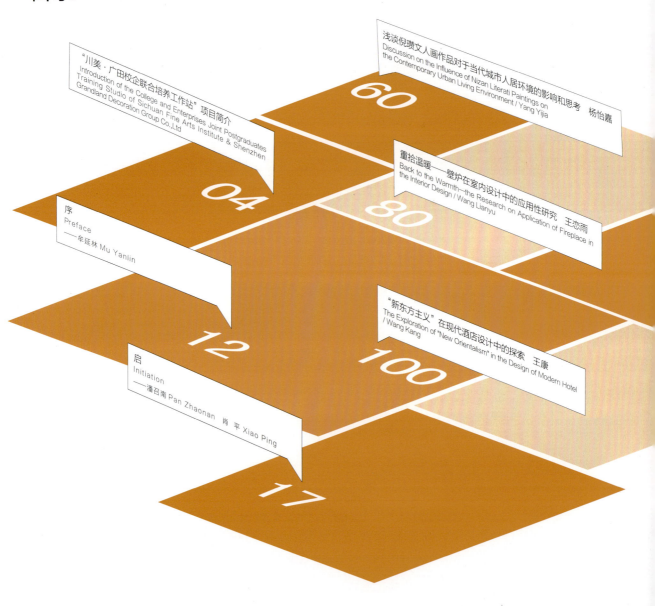

"川美·广田校企联合培养工作站"项目简介
Introduction of the College and Enterprises Joint Postgraduates Training Studio of Sichuan Fine Arts Institute & Shenzhen Grandland Decoration Group Co.,Ltd
04

序
Preface
——牟延林 Mu Yanlin

启
Initiation
——潘召南 Pan Zhaonan　肖 平 Xiao Ping
12

17

浅谈倪瓒文人画作品对于当代城市人居环境的影响和思考　杨怡嘉
Discussion on the Influence of Nizan Literati Paintings on the Contemporary Urban Living Environment / Yang Yijia
60

重拾温暖——壁炉在室内设计中的应用性研究　王恋雨
Back to the Warmth—the Research on Application of Fireplace in the Interior Design / Wang Lianyu
80

"新东方主义"在现代酒店设计中的探索　王康
The Exploration of "New Orientalism" in the Design of Modern Hotel / Wang Kang
100

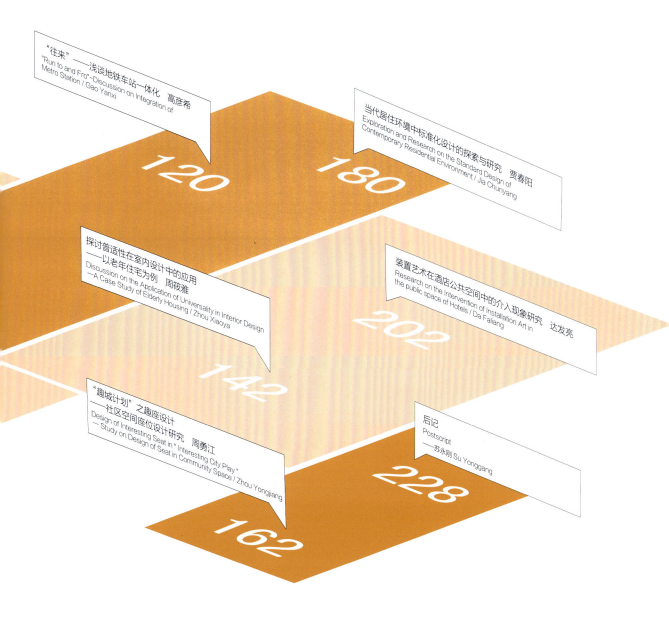

Walking

Exploration and Practice of the School and Enterprise Joint Training of Environmental Design Graduate Second Season

行 环境设计学科研究生校企联合培养的探索与实践 第二季

启　　Initiation

潘召南
Pan Zhaonan
四川美术学院设计艺术学院教授

　　这已是川美校企联合培养深圳广田工作站的第二季,学生进站数月有余。由于上届学生的出色表现与导师们的倾力投入,川美、广田校企联合培养研究生工作站已在深圳的设计行业界悄然发酵,并不断地出现在全国研究生设计教育论坛活动的话题中,影响在逐渐的显现,加之与我们合作的业内精英都是知名设计企业的老板或设计总监,自然会给这个活动带来一些附加值。2015年又有三位业界精英加入到工作站的导师团队之中,随着学生人数的增加,似乎一切都在往我们预想的方面发展。一批受上一届学长影响和鼓动的同学进入工作站,他们又带着不一样的面孔,同样的好奇,开始经历同样的困惑和同样的遭遇。这是意料之中的事,因为,他们大部分都是从本科生到研究生的学生,没有从业经历,一到企业大多是满脸惶恐,无所适从,只是由于学生各自的基础条件不同,反应的程度亦不相同。几乎和前一次一样,学生们面对新的导师和项目要求都不在想象中,但这是他们真正涉身于设计的现实工作环境,是开启专业与职业的第一步。

一、回顾与梳理

2015年5月14的深圳广田集团办公楼下人头攒动,作为一年一度的深圳文博会主办方之一的广田集团,又是东道主主持的分会场开幕式,自然是各界名流荟萃、热闹非凡。这个持续多年的、以文创、设计为主体的活动,不仅备受深圳社会的关注,更受到深圳特区政府和国际设计业界的高度重视。设计之都的文博会,它不仅代表深圳,也是中国当代设计与文化创新水平的缩影。而就在此时,川美与广田决定将工作站第一批联合培养的研究生出站展览与论坛研讨会亮相于此,以真实的学习状态和培养能力接受各界人士的批评。

学校非常关注此次合作的成效,特派当时分管研究生处的庞茂琨副院长亲自带队,由研究生处处长王天祥、处长助理刘珊珊、环艺系主任龙国跃和我一起组队前往。同时特邀教育部艺术硕士指导委员会美术学科组长中国美术学院人文艺术学院院长曹意强教授、中央美术学院建筑学院王铁教授、清华大学美术学院环艺系系主任张月教授、天津美术学院建筑与环艺设计学院院长彭军教授、广州美术学院建筑学院院长沈康等,其他院校的专家学者一同参加。深圳广田董事局主席叶远西先生、总经理范志全先生、副总经理设计院院长肖平先生和联合培养广田工作站所有导师、工作人员,以及深圳、广州等地知名企业高管和业内著名设计师等参加本次活动。

展览设在广田设计院的办公楼一层大厅和二层的公共空间,论坛研讨会设在这里的四层报告厅。本想租用一个正式的展厅办展和开会,后因这个期间展场与会场租金太贵,加之,此处本是工作站落脚地,学生们平常学习集中的地方,以教学之地作为展览之处,符合这样一个教学汇报展的身份,同时也可让来宾们更多地理解学生的培养环境和学习状态。我们的目的不是为了获得业内的一片赞歌,真心地希望通过这次展览与研讨能够为下一期的教与学提供更多有价值的意见,能够为这个探索性的教学实验活动谋划一个可供良性运行的系统。

驻站研究生一共 7 名，六女一男，这样的男女的比例也符合目前在校生的男女比例。他们被分为 3 个设计小组，做 3 个不同的项目设计。他们要完成的任务是一篇 15000 字以上的论文、一项和其他同学合作的设计课题。设计展示方式必须有模型、图纸、图像等视觉要素。设计选题是他们自定，展览的主题也是由导师、同学们经过几次讨论定下的，一切都尽可能在自由与真实的状态下反映出培养的情况。

（一）展览的筹备与呈现

或许大家都把这次亮相看得太重，对于展览呈现的方式总在无定论的设想中犹疑，师生们都在寻找各自最佳的呈现方式而漫无边际的发挥想象，方案迟迟不能确定，直到春节假期结束，仍然没有明确的结果。3 月初大家都意识到问题的严重性，工作站的负责人再次召集会议，讨论并确定了展览的时间、地点、范围、选题、经费、合作方式以及展览形式等，这离开展时间已经不到两个月了。学生们不仅要将已有的研究选题重新商讨、调整、组合，还要尝试与其他同学合作，与其他导师一起讨论设计问题，这种学习状况是他们以前没有经历过的。那段时间，所有的导师与研究生们都显得异常紧张，极度兴奋。工作站为了同学们能更好地开展设计合作，专门把广田设计院腾出一个区域，供他们集中使用，也便于导师随时抽空指导。最艰难的是设计后期模型制作和布展阶段，大家几乎按小时在计算时间。没有预料到的是文博会前期，深圳几乎所有的展览制作公司、模型制作公司都在为展会赶制各种展品和展场布置，学生们的设计模型要求高、时间紧、制作难度大，量又小，无利可图，找了多家制作公司都被推辞。好在导师们都是深圳设计界知名人物，也是多家模型制作公司的客户，最后请导师亲自出面联系，才得以解决。由于展厅设在广田设计院的公共空间之中，展场设计又成为每组同学新的设计内容，这不仅增加了学生们的工作任务量，同时也加大了制作压力，但从另一方面看，则对学生的能力提升是很好的锻炼机会。既要完成项目设计，又要兼顾展场空间设计和布置，对研究生们来说是一个极大的考验，每一位学生都倍感压力。多亏工作站站长、广田设计院肖平院长此时动用了他的特权，施以援手，特别安排了几位设计院的设计师，专门协助研究生们布展和展务接洽，极大地支持了这群六神无主的学生，使他们得以从混乱无序的琐碎杂事中解脱出来，专注于设计和制作。"五一"长假对他们来说是一个灾难，因为许多人都放假了，企业不上班，他们找不到别人帮忙，只能自己动手。近半个月的时间里，每个人一天只能睡3~4个小时，个个眼睛通红，脸色苍白，眼眶青肿。但每个人都知道自己该干什么，清楚地意识到下一步要努力的方向，这种状态与他们在学校里迥然不同。在他们脸上少了校园里的轻松欢笑，却增添了责任与压力下的严肃，我以为这就是进入专业应该有的表情。

由于各自选题不同，有专注于室内外空间沟通与隔离的设计研究，有跟随导师的实际项目做寺庙空间与环境的研究，有专门针对不同主题酒店的客房空间进行专题研究的，因此，项目的差异性决定了三组设计都以不同方式呈现。图纸、模型、图片、影像和文献混杂在一起，已经超出了我们惯常熟悉的环艺展览印象，到像是一个空间艺术的展览，更像做研究的学生应有的表现。

（二）展览的所得与显现的问题

2015年5月14日，开幕式结束后展览正常举行。由于在广田主场，嘉宾也特别多，尤其是同行业的企业代表，那些习惯了商业项目招投标方式的老总们，对这样一个别开生面的展览表现出浓厚的兴趣。学生分别以他们特有的语言方式对各自的设计进行介绍，也让真正关注这个事件的各个院校的专家产生了不同的联想。

1. 得到什么

下午的研讨会是上午展览的发酵，参会的院校专家、设计界的精英、企业的

启
Initiation

老总,大家围坐在广田设计院的圆形会议室里,严肃而认真地倾听与讨论。工作站的导师们分别介绍了指导学生研究与设计的经历,从而引起了热烈讨论的话题。

琚宾:

学生的心性,学生作为关联学校又独立存在的个体,它的个性表现不仅仅体现在青春表象,我认为重要的是成长、沉淀的经历。这段时间的成长和沉淀的经历对他们来讲,有可能会影响到他们的思维方式,待人接物的态度。相信他们以后能够更懂得责任与担当,这应该是在企业感受更深的东西。

企业是第三空间,有别于家庭、学校。学生在企业中应该有一个什么样的状态,我还有一个关键词叫作"旁观者",学生来到企业永远是一个"旁观者",他(她)不能变成员工也不能完全不融入这个集体。作为"旁观者"有可能从刚到企业的惊喜、不知所措、最后演变成倍感压力的过程;也可能通过这个过程获得了新思索与自我调整,并慢慢去发掘、改变自己,尽早地适应社会的需要。这里让学生有更大收获的不仅仅是专业知识,更重要的是设计师的职业意识。

作为导师,为师者,传道、授业、解惑,我更喜欢师父带徒弟,有温度在里面。我们这次尝试打破了学校和企业的界限,相信以后会做得更加成功,通过这次展览对我们的联合培养提出了更多启发性要求,作为工作站导师要能准确地寻找到师生之间的教学关系、方法,更好地将自己的知识、思想、经验传授给学生。

彭军:

我曾经见证了川美和广田联合培养工作站的成立仪式,我认为这是一个特别好的尝试。作为老师,教学是本职工作,我特别敬佩广田集团和在座其他设计机构,他们这种付出令我十分感动。他们的主业是做设计,培养学生是一种功德,这些学生们是最大的受益者。广田走到了社会的前列,有社会责任感。作为教育者也受益,看到教学成果,虽然数量不多,但从中感到一个非常好的东西就是说追求的差异性。中国的设计教育存在许多的问题,同质化现象非常显现,这不是某一个方面能够解决的。今天的培养机制弄得教师空有报国心、未必有改变的能力,这不是推卸责任,正因为不是推卸责任,现在以川美、广田为代表的先行者,打破了院校与企业的壁垒,开展了卓有成效的产教合作,联合企业、著名的设计师等优秀的社会资源一起来培养学生,为设计教育真正做一些力所能及的事情。

今天研究生教育和本科生教育有本质的区别在哪里?而本科生教育和高职教育又有什么不同?作为企业,需要一线的设计师甚至一线的绘图员,未来专业的教育怎么能把这三个层次作鲜明的区别。在院校之中我们一再强调专业的实践性,但始终没有真正做到与企业的对接,始终不得要领半途而废。校区合作是促进设计教育的一个好的模式,川美和广田的合作,开创了研究生设计实践教学的新模式,希望在可能的情况下让其他院校也能参与,为国内设计实践教育提供更好的优质平台。研究生教育和本科不同,如果仅仅停留在课题的设计上还不足以发挥联合培养工作站能量,应该建立设计项目的理论研究与实践方法的总结体系。同时,校外导师需要有独特的设计教学理念和指导思想,将他们已有的自己成功的设计经验、管理经验传授给学生,带出一批不一样的研究生。

不太认同师父带徒弟,师徒还是一个狭义的传承关系。导师教给学生思想、能力、责任心、担当本身就超越了师徒相传的模式。希望这个平台应该变成中国高校的示范平台。

张月:

中国教育现在遇到的问题,是从初级教育到中级再到高级的全程,在过去三十年之间是有所缺失的。过去的学生与生活接触得非常紧密，到20世纪80年代之后，学生被束缚在一个非常小的范围里，跟现实的接触很少。这是我们希望能有所改变的。

企业支持教育，教育对企业的回报是什么？给企业输送更优秀的人才。作为优秀的院校，仅仅做到这一点还不够，还应该给企业提供给思考。学校应该承担社会前瞻性的思考，研究生教育和企业结合，不只是单纯的企业付出，同时学校的人才、智力要帮助企业去做它做不了的事情，研究与分析，这是学校应该思考的。企业成功的经验、案例、策略，面对未来的技术、市场、行业变化等，这些现实的、前瞻性的问题。

颜政：

做设计师很重要的情节是对设计的爱，这样的天性使我们选择了设计。从设计起步到成长这个阶段的设计师，比现在成熟的设计师感触更多。曾经我们想象的美都是很自我的，多年的经验告诉我们，设计是一个非常庞杂的系统，设计师天生就需要多方面的能力，才能够理性地驾驭非理性地畅想，其背后是对人生经历的积累、认识，以达到对客户的理解和满意的设计服务。社会发展到一个阶段之后，服务行业是非常重要的，设计就是一种服务。

学生到企业来接受培养，是弥补在学校阶段的不足，校企结合的目的就是让我们的学生不再茫然。从我的受教经历和成长经历中认识到中国的教育差了一个最重要的环节：没有实践去对应理论，去证明理论的正确性。这是问题所在。当一个企业有了自己独特的运行系统的时候，设计在其中有太多的事情发生，存在许许多多工作的程序与要求，不是所有人都要去做创意这一件事。学生了解了设计的全貌之后，就会联想到自己的职业规划，作为旁观者的学生更知道了自己适合做什么。很多好的设计案例和客户之间是门当户对，学生和企业之间也应该是

门当户对。学生要学会在企业的系统中要找到自己的定位。（以上部分由参加联合培养研究生罗钒予同学根据研讨会录音进行整理）

　　这次展览之所以备受大家关注，我认为原因有二：一是，在座的无论院校教授或是设计师、企业老板，都曾经尝试过我国大学教育所倡导十几年的产、学、研结合的育人模式，但结果肯定是不理想的。为什么道理上说得通，而做起来很难呢？这反映出产、学、研的各自主体部分在我国现实环境中是相互分离的，有逻辑关联，而无实际关系。想法不同、目标不一致，硬凑合在一起，肯定会出现问题；二是，大家都认识到产、学、研的必要性和必然性，并都具有一腔的热情与良好的愿望，但没有站在各自的真正诉求点上去思考执行的问题，形成一个可供操作与运行的管理系统,使合作的起因、愿望和结果在运行的各个环节产生作用,在逻辑的关系中找出价值的所在，并通过系统的管理实现各方价值的诉求。

　　通过这次展览与研讨，将专业艺术院校的人才培养与产、学、研话题再次引向热议，参会的专家们在积极鼓励与认同这种培养方式的同时，也对联合培养产生新的隐忧，即到底能持续多久？这种方式是否可行？企业的热情与承受能力是否能长久地支撑合作的局面？当行业发展迅速，企业效益丰厚时，所有的合作愿景都可以在繁荣的背景条件下去寻找。面对不容乐观的经济形式，地产与建筑行业低迷的现状，对身在其中的室内装饰与景观建设企业形成较大的负面冲击，他们的生存状况将直接影响到合作的未来，这是设计教育走向市场化所面临的最现实和最严酷的问题。我们之所以要寻求广田这样大型的企业合作，其目的之一就是要将产、学、研联合培养的探索，放在一个较为稳定的企业平台上，具有较强的风险抗御能力。从前，这些问题原本不在学校所担忧的范围以内，而当我们跨出校园走向市场，让师生们真正领略设计在市场经济活动中所处的真实状态，体会感受设计不仅仅是理想与追求，更有的是共担企业与团队生存与发展的责任和压力，这也是学习的内容。企业的设计师们的紧张与苦熬不是刻意的作态，而是工作现状的反映。学生们虽然有过熬夜完成作业的经历，但毕竟是短暂且没有实际对错的模拟。进入工作站后，在真实的职场中，不由自主地被带入了快速运行的工作节奏，每天都安排得满满的，重要的是明白你现在要干什么，明天将要干什么，这就是只有在企业中才能完成的目标训练。他们从这个过程中知道了作为设计师应该具备的工作素质和能力，引发进一步思考自己未来的从业取向。这种思考是有益而独立的，对于大多习惯被父母安排一切的"90后"来说，是一个不小的进步。

每组设计作品都来自于现实场地中的实际项目，在尽可能尊重客观条件和客户要求的基础上，结合研究方向，进行设计研究。考虑到学习周期和进站研究的要求，导师组与工作站负责人商议确定，在设计进程与结果上不受具体项目的约束，根据进站学习周期控制项目研究进度，围绕研究方向形成设计结果。这样既有了明确的设计动机（设计选题来自于现实生活，具有清晰的市场要求），又能结合学生学习的实际情况进行合理的安排。以这种方式作为进站了解、熟悉、学习、研究的设计训练全流程，也是经过多次讨论得以形成的。导师们在育人方面也是道中高手，他们对于刚从学校来到企业的学生状况并不陌生，如何把一个生涩的愣头青培养成为一个成熟的设计师，这种事情是他们工作的主要内容之一。因此，结合他们的育人方式开展教学，是对院校设计教育缺失部分的有效补充，从展览所呈现的设计深度和对项目的理解程度上可以看出此种方式所产生的作用。设计研究不仅有了客观的依据，同时兼备有设计的合理性和可实施性。在对项目整体作全面了解的基础上，选择问题研究的方向，从而树立设计研究目标，再由概念的切入点出发开展系统的设计工作。这些工作条理清楚、目标明确，设计概念不流于空洞、有明显空间尺度与用材意识且图示较为规范，让我感到惊讶的不是我们在教学上没有这样要求过，而是我们提出同样的要求，却没有达到这样的目的，为什么在企业里他们能做到，而我们在课堂中却难以实现？

三组设计虽然是合作，但每位研究生却各自围绕主题开展相对独立的分项设计，任务分工清楚，交接的部分共同讨论解决。为便于这种合作方式的可行性，工作站专门为三个设计组成立了导师团队，定期检查设计进展情况和解决出现的问题，这样既可以发挥导师个体的优势特长，深化指导所带学生研究的部分，又能在总体上与其他导师共同把握设计组的工作效果。这是在摸索中寻找出的具体教学指导方法，从中我们可以看出这些导师们对此事的倾心投入，他们都是设计企业的掌门人，日常的设计业务工作已经让他们疲于应对，企业里的许多人与事对他们来说不是每一件都要事必躬亲，但对于研究生的教学他们却一丝不苟，认真对待。每一次的会议讨论，导师们几乎都到，极少缺席，即使遭遇特殊情况无法参加，也提前将自己需要在会议讨论的内容材料准备好，交由其他导师或公司的设计师代为表述，这让学校参会人员感动，也让进站学生成为最大的受益者，他们在展览上、在论文里、在讨论的陈述中，无一不显现出他们身后的导师身影。

研究生们的个人能力与专业水平高低不等，但导师们却无法去选择学生的优劣，任何一个导师都会无条件接受，并倾力栽培。在指导过程中，学生以前的能力强弱已无法顾忌，重要的是在谁手下培养的结果是否能得到认可，这不仅关乎学生专业水平提高的问题，更重要的是关乎导师荣誉和影响的问题，这真是做到了"有教无类"的境界。事情发展往往在不经意中产生出意想不到的结果，从学生们为了体现自我能力而相互拼设计，到导师为荣誉而拼效果。这样的结果超出了我们的预想，看到他们如此投入且认真地要求展览的每个细节时，我们发现新的问题又产生了，那就是在追求完美表现的同时所带来的经费问题。任何展览都有一个预算，这也是在与广田合作时既定的内容，并在企业拨付给工作站的金额中固化下来的，但广田的领导很快被学生与导师超高的热情所感染，得知展览受阻于经费时，便以更大的热情支持并鼓励了这个富于激情的活动，划拨八万元专项经费供学生们准备展览制作使用，受企业公益行为的鼓舞，学校也为这次展览支持了一笔专项经费。这出乎所有人的意料，几个学环艺的研究生在企业中进行一个阶段性学习，竟然得到如此的关注和支持，让一个在国内装饰行业中排名前三的大型上市公司的高层都在关心几个学生的教学汇报展，让远在重庆的学校领导和相关部门也在关注几个在深圳学习的学生的展览，并给予专门的支持。是什么原因造成了这样的现象？是什么动力驱使这么多人围绕几个不知名的学生投入精力呢？以至于在展览上它有足够的理由证明，川美在深圳开设的联合培养研究生工作站的尝试是具有价值和意义的。因为中国有庞大的行业与项目来支撑设计教育的发展，而不合时宜的设计教育应该面临更新与蜕变，行业与企业乃至于学校都在期待设计教育的改变。因为期待，所以关注；因为关注，所以用心；因为用心，所以动情；因为动情，所以尽力；因为尽力，所以得到支持。这就像一个现实版的蝴蝶效应，搅动了许多相关和不相关的人，看似偶然，实为必然，我认为这是此举最大的收获。

2. 展览所折射出问题

还是从展览上发现问题。从备展的过程，到展览的呈现，第一步的迈出可谓是一波三折，虽说是摸着石头过河，但有时处于身在水中，却摸不到石头，这样的状态贯穿了整个第一季工作站培养的过程。8~10个月的学习期间，工作一边在推进，一边在总结，一边在调整，为后续的工作开展打下基础，积累经验。在阶段性工作会和论坛研讨上谈论最多的还是问题，这是我们最关心和期待的，这样可以从不同的角度去查找问题的所在，同时共谋解决问题的方法，归结起来问题的焦点大致以下几个方面：

1）研究课题的深度与研究方法

这里所指的深度是两个方面。一是课题设计深入的程度，二是课题本身理论性研究的程度，二者在都反映在展览的设计作品上和收录于《寻》书中的文章里，几乎他们所有的成果都存在这样明显的问题，已经不是偶然发生的个案。从本科养成的学习习惯就是对于课程蜻蜓点水式接触，未让学生对其中任何一门课程做实、了解清楚，匆匆忙忙的浅表性的示意便草草收兵，像赶流程似的进入下一堂课的学习。这不是川美一个学校的问题，是中国设计教育反映在教学中常态化的问题，让我们的学生养成了对知识、对项目、对选题的认识、理解、研究始终处于似是而非的状态。这就是由学习的方法养成了处理问题的习惯，由习惯形成了个人的素质，习惯不好自然素质不高。在研究生阶段，这种习惯仍然延续和阻碍着他们自身的发展，仅靠学生自我意识去改变是很难的，必须通过设定专门的方法、路径以及设定成果的具体要求加以培养和约束，才能产生真正的改变。到企业进行培养，面对新的要求、新的环境、新的教学方式，是能够产生意想不到的效果。而在这方面我们却出现在学校同样的问题，按习惯的方式开展安排教学，缺乏深入的研究这个环境所带来的多样性、可能性，对新的教学资源认识不够全面，没有充分地加以利用，从而建立一个具有明确针对性的教学系统、培养路径，提出相应的、具体的指标要求，通过对设计深入程度的明确约束和理论研究方法与目标的引导，才能使学生知道要做什么的同时，清楚自己应该怎么做，做到什么程度。

2）新的师生关系存在沟通上的差异

设计成果不够深入，有部分原因出自于学生和导师的沟通不畅。双方按照各自习惯的方式设想设计选题和展览呈现，虽然针对同一个主题，但考虑设计的角度、思路、方式存在较大的偏差。学生们所熟悉学校老师的授教风格在这里却有很大的差异，工作站导师所强调的、要求的是学生们平时鲜有触及的领域，一时间难以适应，可想而知。经过一段时间的磨合，大部分师生在此方面已经能够达到沟通顺畅，但也有少数师生仍未调整好状态，彼此在遮遮掩掩和一方的沉默中长时间地处于相互不理解的状态，使得学习过程重复，课题研究进展缓慢，备展时间仓促。这种情况的出现是我们始料未及的，不是他们彼此不在意对方，而是因为双方太在意此次活动，看重展览的影响和荣誉，坚持自我认识，难以妥协而造成的结果。现在回顾起来发现问题重点不在他们，当研究生进入工作站选择导师的时候，对导师的了解仅仅是通过网上查阅个人简介，或是以貌取人，以名气大为导师，由粉丝成为学生，实际上并不了解，少有认真地想想自己是否适合跟什么专长的导师学习；而导师更没有选择的机会，给谁是谁，几乎是听天由命，凭运气。问题还是在于运行系统的建立有诸多不足，在学生进入工作站前期就应该设置相应的措施，避免此类问题的发生。一、对导师的情况介绍和建立网上的师生预先的交流机制；二、预先对申请学生的情况进行公示，采取师生可在规定的人数范围内进行多志愿的导师选择，避免无论是否合适，都只能"从一而终"的尴尬现象。

3) 缺乏计划与制度性保障

此次展览虽真实地体现了学生活跃的设计意识，不同于以往教学汇报展览的效果，却也暴露了仓促应战，展览内容与形式不能全面地反映学生的学习水平与能力等问题。问题归结起来，重点是缺乏制度的保障。师生们的热情、企业的看重、学生的废寝忘食，促使了这次展览在短时间内能快速呈现。它已经不是完全意义上的学生阶段性学习汇报展览了，实际上是一个联合培养群体的集体活动。在这其中，导师们、学生们、管理团队、设计师等众人共同努力帮助下，在企业与学校增加制作经费的大力支持下，才得以呈现出如此的成果。且不论这个展览的联合培养成果是否具有多少冲击力，是否达到我们预期的目的，可以设想一下，如果在学校，仅凭导师和研究生们自己的条件，在非常短暂的时间内，要完成如此程度的展览，几乎是不可能的。那么，我们需要的是一个什么样的展览？这个展览要在什么样的状态下才是我们认为具有完整意义的学生学习汇报展呢？我想，它应该具备两个基本条件。首先，它必须具有完成研究的相应时间与制度保障，而不是依赖于热情和非常态化的投入；其二，它应该是反映师生在此阶段纯粹的学习、研究活动，具有明显的独立性，而不是体现群体意志。没有合理的时间计划就不可能有从容的工作状态，虽然研究生在进站前都有培养的计划，但没有相应的具体要求，在学生们进入到各自学习环境中，面对不同的导师、不同的项目、不同的企业要求，执行过程就是一个各自为政的培养过程。计划性不强就导致约束性较差，每个导师和学生都希望有最佳的表现，从效果出发，进度计划、经费预算、展览空间、场地安排等，都缺乏从实考虑，严谨落实，不是最后动用团队力量和热情支持，结果肯定不会如此这般。此外，集体的力量固然强大，但集体的意志对研究的过程与结果影响同样巨大，这些影响无形中干扰着导师和学生本应该在单纯的状态下独立的思考，在获得大家帮助的同时，也获得了更多意见的左右。这些都是在初次探索中暴露出的问题，经验不足造成机制性障碍和计划性失误，是值得我们反省并加以健全的；同时，也是所得，由于用心一致，师生投入而获得普遍关怀与支持，是对这项活动本身价值的肯定和意义的认同，也是支撑此活动继续进行下去的原因与动力。我们需要建立一个良性的运行机制，在学生、导师、学校、工作站、企业之间形成既可以资源共享，又能保持研究的相对独立，发挥每个导师的专长，让研究生的学习研究具有明确的方向和特征。

4）成果缺乏明确的约束性要求

展览是检验学习成效最直接的形式。什么样的展览才可以真实地反映出学生在本阶段学习的状况？我们在工作站开始时只是希望培养成果尽可能体现多样化，尽可能呈现与学校不同的特色。因此，给师生们最大的自主空间，尽量不提限定性要求。当课题研究进入具体阶段时，发现问题随着课题的深入而更加突出，各自按照自己对成果的预期和想象开展学习，难以反映出一个阶段性的整体面貌与培养程度，同时，也给展览的呈现效果带来不确定性，在经过多次讨论后决定分组合作，并对展览呈现形式作相应的安排。从完成的情况分析，不难发现各组课题完成的深度与效果参差不齐，展示内容繁简不一，有的学生表现设计概念，有的则以模型表达空间关系，作品缺少研究所应该体现的系统性和逻辑性。由此，反映出在联合培养上还需要更加深入的研究教学方法，并形成明确的目标指向和系统步骤，依据阶段性培养的目标，提出实现目标成果的约束性要求，而不是仅仅在成果数量上加以简单约定。

（三）关于《寻》的思考

联合的第一季，《寻》这本书体现了在此过程中的愿望、理想、思考和探索，近一年的教学实践，从单纯的理论探讨、热情、想象中回归理智。通过在不同范围的多次对培养全程进行认真的分析、梳理、研讨和理性公正的评价，认为工作站的培养模式、目标与路径值得肯定。导师们的培养经验是在同研究生一次次的讨论会中逐步地积累起来，这种成长从我们在第二季的教学研讨中已经明显地感受到他们考虑问题方式与角度的转变。管理人员也在进步，她们也是从学生到管学生的身份转变，并能从容地根据不同阶段的培养计划要求，对研究生和导师给予必要的进度安排与提示，以便于研究生们能够及时地与导师沟通学习进展情况，并反馈到工作站。她们的进步非常重要，虽是广田的管理人员，兼职于工作站的管理事务，双重工作、两种角色，但依然能把控自如，条理清楚地处理学校、企业、导师、学生的学习、生活、工作等方方面面的事务。深圳真是个锻炼人的地方，我相信他们以前同我们所熟悉的学生状态一样，人只有进入职业才能真正地成长并成熟，经验与干练总是在与人的交道中积累起来的，这也是我们想让学生受此影响，更快成长的初衷。

  我始终认为了解职业才能更好地理解专业。学生们在过去听到或接触到的大多是对设计充满快乐的愿景和想象，理想化地将这个职业岗位赋予艺术与自由的花絮，虽然经历短暂的作业辛苦，也是在漫天想象中度过。到深圳很快就进入了导师安排的各种课题学习和项目实践中，这里的设计职场让他们懂得了什么是设计，在经历一段时间枯燥、乏味、重复的作图工作，体验全然不同于学校的学习流程后，明白了如何将设计落地的同时，也将自己的从业想象由此落地。这个过程对于培养活动的总体是必要的第一步，迈出这一步，我们在寻找设计教育新的方法，学生在寻找他们走向自立人生的新的起点。

  在《寻》中我们思考了许多关于企业与学校、导师与学生、企业导师与学校导师、项目与研究等各种关系，期待通过大家的探索与努力打通这些关系间的壁垒，实现资源的相互链接与共享。从逻辑上是可行的，但在实际的尝试中，真切地认识到每一个对象皆是独立的体系，有着各自独立的社会角色、任务、职责，绝难理想化的兼容。

1. 关于企业与工作站导师

  企业面对的是成千上万讨生活的人，而不是几个学生。在有条件、有时间、有资金的前提下帮助学校贡献一份善良与义务，如果一旦经济情况发生波动，企业效益出现问题，或是企业发展方向作重大调整，无论大小企业老板、设计师他们的工作重心是一定要转移的，因为教学不是他们的主业，企业的生存是第一位的，

行
环境设计学科研究生校企联合培养的探索与实践　第二季

Walking
Exploration and Practice of the School and Enterprise Joint Training of Environmental Design Graduate　Second Season

这不仅仅是岗位责任，更是职业精神，我们完全能够理解。关键是这样的问题迟早会出现在我们合作的企业中，现在维系工作站的运行与发展主要是靠广田出钱、出人、出力，而我们的合作从法律上讲约定是3年，那么明年以后将如何发展？是继续保持与广田的合作状态，还是更进一步寻求新的联合培养的合作方式，或是到此终结，作为一个阶段性的尝试。面对这些新的困扰和未来联合培养的不明朗的前景，我感到巨大的压力，而这种压力已经远远超出我个人能力所及的范围。

从个人理想的发起，到形成群体性活动事件，我无意中做了一件只考虑前提，没考虑后果的事情。由于自己的热情、思考和人脉关系，将身边的同事、友人、学生等卷入了这个我无法驾驭的事件里，每每想到这里真有些坐卧不宁，常常纠结于此事的终极意义和自我处境的尴尬。他们本来各不相干、各按本分的工作和生活，却因此事让这些各不相干的人在一起彼此相干、彼此关注、彼此用心，虽谈不上相互干扰，但一定是相互影响，而这正是此事的目的，就是要他们相互产生影响。看到学生们在新的学习环境中努力求知、鲜活成长；看到导师们孜孜不倦地指导这些与他们毫无关系的学生，仅为一次受聘的仪式中接受了一个并无实际利益身份，或许仅仅满足一次内心向往教师的神圣感，就无偿地接受了长久的责任和担当了"有教无类"的义务。导师们的责任心常常让我换位思考，如我以他们的处境，是否有心顾及这帮学生，我想这个愿望、行为绝非一时冲动，肯定发自内心的自愿，因为没有什么事情可以强迫这一群既不缺钱、又不缺项目有个性的自由人，每每想到这里我似乎又见希望。

在他们的带动影响下，有更多的优秀设计师表达了愿意参与联合培养的导师团队之中，更有许多学校表达了他们想加入到工作站的愿望，他们希望这个工作站应该是多所高校联合共享深圳优秀设计资源的大平台。川美走出难得的一步，而这种探索已经启发出新的设计教育形式和路径，可以同其他高校联合共用，并产生更广泛的影响、发挥更大的作用。而不是被其他学校简单的复制，在深圳或其他地方遍地开花，最后造成资源损坏，事与愿违。

种种积极的和令人忧虑的情况都不断地在培养过程中反映出来，一次次的考验着大家对此事的信心，同时又给予我们坚持下去的充分理由，或许真应该定好方向、做好打算，未雨绸缪地考虑联合培养工作站的未来发展途径。

2. 关于工作站导师与学校导师

这是两个不同的人群，但是两个在整个培养过程中起到最重要作用的两个方面。我们曾经幻想通过培养他们共同的学生，将二者关联在一起，形成理论与实践相结合的两个知识源头，并在导师之间相互沟通过程中摸索出更好的联合培养模式。但实际的结果却与我们的期望相距甚远，双方的导师由于各自的处境不同，又不相识，虽有共同的研究生作纽带，但这种关系非常脆弱。没有合适的机会与必要的条件促使他们交集在一起，研究生们只能是他们之间的传话筒，导师们在指导观点上有时相悖，从不同的角度对学生产生影响，同时也让他们在困惑中思考不同的视域下的设计态度与观念，这是积极的一方面；但另一方面却是导师间的交流始终处于小范围的状态，虽有距离、精力、时间、经费等客观因素，没有建构双方交流的机制是主要原因所在，双方从主观上没有意识到交流的重要性，因而导致没有行为需求。在中国许多行业的发展中都曾遭遇到一个阶段性障碍，即初级阶段靠个体、靠勤奋、靠聪明迅速的异军突起，当发展到一定规模、对社会产生一定影响的时候，意识与眼界却跟不上发展的要求，致使许多企业在发展中衰退，因此，瓶颈来自于自身的观念与态度。而学校在体制的保护下偏安一隅，无论对错不会造成生存障碍，这种生态条件使得学校的发展难有根本性的改变，也使得教师自得其安，除完成规定教学和课题任务外，少有自觉的研究与探索需要。一边是忙碌打拼、奋战市场前沿的设计师，一边是安于现状、自持主张的教师；一边设计师并不迫切的需要系统的理论思考，另一边教设计的教师不需要设计前沿资讯也可以教学，两不相干的状态是交流的最大障碍，而自己也身在其中不以为然。设计师是社会中最敏感的人群，他们之所以关注设计教育，关心学生成长，一方面是意识到人才的重要，另一方面清楚地知道教学相长。他们有动机，只是缺少主动交流的机会与时间；学校教师则应该积极地走入设计企业，了解企业对人才的需求情况，清楚学校应该培养什么样的学生，同时，知道今天的设计师们在干什么、怎么干，今天市场的需求与设计服务的关系。这始终关乎交流，在《寻》中的初衷仍然是合乎逻辑的方向，只是采取怎样的方式，建立易于交流的机制，工作站应该是一个师生共享交流的平台。

3. 关于培养策略的思考

第一季通过《寻》的思考与梳理，制定了工作站的培养策略，并在工作站的培养流程中贯彻执行。运行一期后发现在策略的制定上存在主观认识的问题，理想化因素太重，阶段性培养内容要求与周期安排过于格式化，我们依然从学校的立场和常态化教学的格式去理解联合培养，在企业中难以实现，同时也没有必要这样要求。对职场的了解（第一阶段），专业认识与职业认知（第二阶段），能力训练（第三阶段）。对于这三个阶段培养的划分，以及各阶段具体培养要求、规定看似规范严谨，其实可行性不强，再对每个阶段加以时间上的限定，使得研究生和导师在开展项目研究中很难真正达到规定动作的考量。实际上学生进入工作站即了解职场的开始，也是认知专业与职业，整个培养过程都是对未来从业的体验，并在体验中提升自己的专业能力。因此，从这个逻辑上去理解，不难发现过去的思考带有浓烈的教条化痕迹，企业与学校的区别在于一个追求功利、一个追求效率。功利是随机的，需要随时准备好接受项目和完成项目的能力条件；效率是在既定程序的运行中产生的，需要预先进行设置每一个运行环节。对于进入工作站的研究生在培养策略的上应该站在企业的角度进行思考，结合企业的优势与运行情况，制定相应的培养方案，扬长避短，才能真正体现联合培养的价值，而不是生硬地套取学校的培养模式，让企业以学校的育人方式按部就班地执行，丧失了本该给予学生领教的企业市场竞争的活力与应有的特长。基于这样的认识，如何调整制定适合于企业、导师和研究生培养的策略、方案，成为目前必须要尽快解决的工作重点。

二、第二次进入同一条河

2015年9月第二批8个研究生又进站了。虽然重复着去年的工作,但许多情况已经发生了变化。

这个时间学校研究生处刚经过调整,新的处长设计出身,对工作站的建设非常重视,并期待以此为示范,在其他学科专业硕士培养上进行尝试和推广。于是在2015年12月组织我与其他几位老师专程到深圳,对广田工作站进行中期检查,以便更好地了解在新一轮的培养要求下教学执行情况和学生与导师、企业、项目间的互动情况。

(一)新的方式与新的问题

在工作站中期教学汇报会上,研究生与导师们认真而简要地介绍了几个月来的学习情况和研究的方向、论文选题、设计项目。有了上一届摸索经验的铺陈,这次所见的确有不同,导师数量的增加为研究生的从师选择提供了更好的条件。可喜的是广田的导师们在总结去年教学经验的基础上,形成了优势互补、研究方向交叉的导师组,共同培养研究生。这种尝试给研究生的培养带来显著而有效的改变,无论从研究方向、知识结构、阅历经验、项目类型等方面都有更大维度的丰富,学生们也可以在平时的训练中接受多个导师的指教,接受多方面的影响,并在需要的时候总能联系到其中的某一位导师求教,这与其他导师一对一的教学的确有较大的差异和优势,8名学生中有4名参加了这个联合培养团队,其中有一名还是从别的导师那里转过来的。这个新的培养模式给我们带来非常有意义的启示,企业的导师们根据他们的具体工作情况,最主要是时间的利用,结合学生培养需要,开创性地建立了这个培养模式,把零散的资源效率最大化地利用,并为新的培养策略不断建设和完善提供了可贵的实践经验，具有重要的示范作用。与此同时，新的问题相伴随行，研究生转投师门也就发生与此。一对一的师徒相伴的传统研究生培养模式，由于环境与对象的不同，在企业中不可避免地会遭遇问题。即个别导师在某个期间投入的时间与精力有限，会造成学生的被遗弃感。因为，他们早已习惯了在学校被老师催促，在家庭被父母安排的被动态与呵护感，在主动性还未形成的时候，导师时常不见，遗弃感油然而生。加之来时师生之间沟通了解不够，研究方向是否符合彼此的要求尚不可知，一段时间后与其他同学、导师培养状态的差异比较，心理落差明显，转投师门亦属自然。由此可见，问题清晰的来龙去脉，即可找出症结所在。一是师生之间的预前沟通与志愿了解；二是在企业中的联合培养方式应区别于学校，工作站的每一个导师都是所在设计企业的创始人，导师的资源不仅仅在于自己，也可以像广田导师组那样进行资源有效整合，如此方式发展下去，定会有一个强而有效的导师团队形成，对开创研究生联合培养新模式具有重要贡献。

（二）一个难得的警醒

研究生和导师们在会上一一介绍了各自教与学的情况，气氛平和而有序。学生通过几个月的职场锻炼与磨砺在汇报上已有几分成熟与干练，说起话来显得有些底气，新加入的几位导师更是风范超群，观点鲜明。他们是：J & A 设计公司董事长、设计总监姜峰先生，梓人设计公司设计董事长、总监颜政女士，刘波设计公司董事长、设计总监刘波先生。他们都是深圳设计界的翘楚，设计经历丰富，业绩卓越，各有一片事业天地。因此，对专业的理解和人才的培养上都有不同的角度和方法，自然谈吐引人入胜。目前，从这一期学生的反映总体情况要优于上一期，有拜前一期经历所赐，学生研究的选题与初期准备状况让我放下来时的忐忑，正在大家心平气和的讨论学生论文与研究课题进展细节的时候，导师姜峰先生的发言让大家不禁躁动起来。他说："今天的研究生汇报的选题与项目研究情况，如果是以普通综合类大学的设计研究生,甚至是我母校的研究生的标准来评价他们的水平我认为是达到了,但作为四川美术学院学习环境设计专业的研究生,这样的程度是不够的。我们今天在座的每一位导师都是深圳乃至国内有代表性、有影响的精英设计师,我们看重的是四川美术学院是一所不同凡响的专业艺术学校,我们希望能于这样的学校合作,培养不同凡响的人才,而不是培养他们平庸的设计技能。这个汇报没有体现出川美青年应有的创造力和想象力,我们应该好好思考下一步的培养方案"。一席话对我来说犹如醍醐灌顶,太出乎我的预料,我没有想到一个驰骋于商场、职场的高手,练达各种人情世故的职业设计师,能这样直白、率真、坦荡而不留情面;更没有意料到他对教育怀有一颗理想而淳朴的心,这让我等这些学校里泡了几十年的教授、教学管理者汗颜。我们已经好久不问这样的话题了,我们更多地关注指标里的规定动作、办学形式、套路系统的要求,我们熟知各种教条,却忽略了艺术教育中最为重要的是因材施教,培养有思想的专才。因材施教首先要了解学生是一块什么样的材料,有哪些优势与不足,他有可能成长为怎样的人才。我长时间地思考这个问题,为什么他们有如此敏感的触角,而学校成天挂在嘴边却不得要领,经过一段时间的苦思冥想,我终于明白其中缘由。问题的关键是学校只管教,不管用,教得好不好的评价标准就是规定考试,考过了就算合格,至于是否真的合格无法得知;而企业就是用人,好不好用他们最清楚,学校毕业的学生不管是什么层次,刚到企业大多都不好用,因为没有教好,于是他们还要花精力、代价继续教。因此,企业对人才成长非常敏感,这直接关乎于公司的发展存亡。这是在功利竞争中的真实感受和切身体会,不用遮掩,我现在可能理解了他们为什么这样直白的、不加掩饰地道出他的观点,而且一针见血地说到核心点,也真实地体会到设计精英们的忧虑。他们对设计教育的关注远不是所谓的知识分子对中国设计那份空洞的责任感,更不是文艺愤青所谓的担当,而是从切身经历和立场出发,追溯对教育这个源头问题深层次认识与思考,对用人这个下游结果的顾虑与判断。他们也是从这样的源头中来,经过二十余年的拼打、磨炼、不断反省学习,成长到如今的状态,回顾起来已经是对中国设计教育逆向印证的最好教材。市场本身是直白而真实的，判断一个人的运用价值和工作能力，只有在职业状态中方能体现，这本身就很朴素，与情面无关。

学生们面对这场讨论想必也是感慨万千，他们更少思考这样的问题，今天正当其面讨论他们的成长、缺失，反省教学的问题，话题虽然很严肃，但学生们内心的感受很温暖，因为，他们知道这一切都是为了他们的成长。既然问题明显，必须调整改变，树立信心让研究聚焦，走向专精，期待三月后期检查。

这次的汇报会真是难得的经历，这群设计精英真是难得的人才，给我一次深刻的警醒。

（三）两个冷静的旁观者

时间飞快地在新年和春节两个消磨记忆的日子里划过，转眼又到约定第二次方案调整汇报的时候了。以前的研究生处长王天祥已转岗到教务处任处长，虽然没在研究生处，却依然关心联合培养工作站的进展情况，得知我和苏处长即将前往深圳检查研究生们的学习状况，便主动提出要一同前往，这个重情重义的态度实在让我感动，但接下来发生的情况却让人心有不悦。当我顺便问及他去的目的时，此人目光真诚、表情严肃地告诉我"希望借助这个优质平台，搭建一个可以作用于设计学科本科拔尖人才联合培养基地，这一定是一个具有战略性意义的举措"。我从心里实在有一种被人利用和自我蔑视的感觉，真心佩服他角色转变的速度，他太有事业心了，冲他埋怨。他看出了我的不快，马上神秘兮兮地补充了一句："我会带给你一个惊喜"。

临行前的一周他告诉我他请到教委牟主任和教委学位办主任陈渝女士一同参观、调研川美深圳广田校企联合培养研究生工作站的工作开展情况，这让我吃惊不小。虽然联合培养工作站是川美研究生培养走在政策前面的一个尝试，有特色，但它毕竟是一个教委研究生教改的一般性研究项目，不足以惊动市教委领导亲自对其进行考察。三个多个月前给学生们提出的调整意见也不知道进展如何，不知道研究生们准备得怎样，是否能经得起检验。

3月18日到深圳，广田工作站导师之一、设计院副院长严肃老师亲自到机场迎接，未作片刻休息就直奔广田集团的高科中心进行参观调研，这是既定的考察项目，牟主任他们已久闻其名，想具体了解这家装饰行业上市公司在科技创新研发与团队培养方面的所作所为，广田高科的工作人员给我们一行详细地作了介绍。偌大的科技创新基地、丰富的研发项目、特色鲜明的培养方式、系统规范的制作工艺流程、先进的技术设备等，岂是两三个小时可以全面了解的，因为时间紧促只好参观梗概，匆匆启程走访下家。

J＆A设计公司成立已近20年，是深圳市以个人名字命名的、规模最大（400余人）、设计业务最全、最出色的设计公司之一。董事长、设计总监姜峰先生和副总经理冉女士亲自接待我们，并给我们逐一介绍了公司情况。我与姜峰是多年的朋友，非常欣赏他的为人和对事物的洞察力，他出道很早，可以说是深圳成长起来的第一批设计师，但年龄却不大，哈建工建筑学硕士，他可能是迄今为止中国唯一一个享受国务院津贴的设计师。由于有研究生的学历背景，因此对学生的要求较为正统、严谨，学生有点怕他。姜总给我们一行介绍了公司的成长历程和现在的业务范围，以及企业对设计人才的要求，学生如何成长为设计师的培养要求，这些话真让我们感到学校的教学与社会需求的距离是如此巨大。牟主任与陈渝处长听得非常专注，不时提出疑问，关于用人、关于教育、关于能力、关于学士后与硕士后的培养，双方话题打开滔滔不绝，谈意正浓。我见窗外天色已暗，住处尚未定下，拖着行李折腾一天，已经感到疲惫饥饿，只好打断他们的谈话，明天再叙。

第二天一早，我们准时赶到会场——Y＆C酒店设计顾问公司，下车后大家都被眼前景象惊呆了，在深圳闹市区里居然有这样的一家2000余平方米的两层独栋式带庭院的办公楼，院内几棵巨大的老榕树，盘根错节，树冠遮日，花园场地很大，有足够游走的空间，真是意想不到。公司设计总监杨邦胜先生早已在会场等候大家，这次我们采取的轮值会议模式，一来通过教学讨论加强校企间多方面的理解；二来让其他的研究生多些见识，同时也为工作站分解一些活动经费的压力，杨总非常理解，也积极支持。公司门口站了一排年轻人为我们服务，见我们一进门便齐声向我们喊"老师好"，顿时让这一群东张西望的人目光专注起来，我一看便笑了，年轻人也跟着笑了，让我一幕幕回想起这些熟悉的脸，他们都是我曾经教过的学生，毕业后在这个公司里就职，有的已经工作十余年了。这突如其来的惊喜真是让人感慨万千，环境与人给我们带来了双重惊喜，我们深深地被杨总的用心所感动。利用短暂的时间，年轻的设计师们分别陪我们一行参观了公司办公设计的环境，并有问必答，大家对这家设计企业留下了深刻的印象，非常的羡慕，我敢肯定这是公司的又一经营策略，这方面杨总是高手。

　　进入洁净、明亮、素雅的会议室，落座，渐渐平复了被震荡的情绪。准时9点，广田设计院院长、工作站肖平站长给与会者相互作了介绍，由于是客人，牟主任、陈主任简单陈述了此行目的——了解、调研、学习，作两个冷静的旁观者。简短客套之后便直奔主题，导师2分钟的介绍，学生紧随其后开始汇报。8名研究生共分7组（其中有两人同一组作项目），汇报要求与先前一样，论文与项目研究两个方面。这次的准备的确不同以前，学生、导师对汇报内容显然已经非常熟悉，没有刻意准备的迹象，陈述得自然而流畅。研究生们各自的论文基本完成，研究选题已经确定，前期基础工作即将完成，概念方案也初具雏形。所有论文与课题设计被要求在一个方向，目的是让学生对设计理论研究和设计实践能在同一线索中展开，有利于他们将研究逐渐走向深入，尽快找到研究方法，掌握研究方法。通过汇报发现各组学生的研究目标明显带有导师优势的设计领域，这是非常有益的，他们到此就是为了向导师学习这些。

1. 高彦希在姜峰组，课题研究方向"地铁站点一体化设计"。
2. 贾春阳在广田组，课题研究方向"当代居住空间中标准化设计的探索与研究"。
3. 王康在杨邦胜组，课题研究方向"新东方主义在现代酒店设计中的探索"。
4. 王恋雨在颜政组，课题研究方向"重拾温暖——壁炉在室内设计中应用性研究"。
5. 达发亮在广田组，课题研究方向"装置艺术在酒店公共空间中的介入现象研究"。
6. 杨怡嘉在琚宾组，课题研究方向"元、明代文人画对于当代城市人居环境的影响"。
7. 周筱雅在广田组，课题研究方向"趣城计划——老年住宅的普适性室内设计研究"。
8. 周勇江在广田组，课题研究方向"趣城计划之'趣坐'——社区公共场地坐具研究"。

这些选题所涉及的领域很少在学校里接触到，有形而上的，也有非常落地形而下的。虽然我们有些质疑研究生们对这些选题研究的驾驭能力，但对于美术学院的研究生，长期受感知经验引领而少于理性研究与文字表述，经历这种磨炼是非常有必要的。每一组师生介绍完毕后在座的导师们都会作针对性的发言，提出自己的看法和建议，讨论热烈，连安静倾听的牟主任也被现场气氛所带动，积极参与到师生的对话之中。重庆——深圳相距遥远，教师、职业设计师、教育官员、学生、老板，各持身份七味混杂，趣味横生，这种生动的授课形式在企业的会议室里显得尤为特别。这里决然没有同行相轻的情绪，没有市场得失的计较，反而是单纯、直白、就事论事的发表自己的观点，一切都是为了学生，氛围和谐。这是深圳设计行业健康发展与众不同之处，在座的8位导师在市场的业务活动中，常常是竞争对手，因为他们的出色，所以有影响的项目都会有他们的身影。但他们也是好友，同道中人，彼此尊重、相互理解、学习，遵守规则是深圳设计行业中最典型的特征。

半天的时间很快过去了，师生们围绕各自的研究选题相互间开展积极讨论，并形成调整建议，对第一阶段应做的工作已有了针对性的结果。按汇报程序应该让客人谈谈他们的看法，我们也想听听两位旁观者对此的意见，从牟主任的表情上可以看出他很想说点什么，因为我们看见他在三个多小时的汇报中已经记录了满满几页的东西。

牟主任首先说了三个意料不到：

第一个意料不到的是导师的关系。昨天和今天短暂参观了几家企业，就已经感受到这里工作的压力与竞争的激烈，每位设计师都在忙碌，何况他们的老板。恰恰这些老板却在别人的公司，与一群同公司业务毫无关系的师生在一起耗时费神，共同讨论教学与学术问题，丝毫看不出彼此是竞争对手，倒像是一个教研室的同事。

第二个意料不到的是师生的状态与水平。学生的研究选题专业，观察点各具立场视野，体现出良好的专业素养；导师团队优质，不仅有一流的专业水平，同时具备很强的学术能力，并在不同的领域有自己的理论见解。

　　第三个意料不到的是川美产教结合的研究生培养做的这么实。从研究生在学习过程中开展的课题研究程度上反映出他们的热情和专注，工作站的导师与学校的导师这么认真和投入，企业给予的支持实在的用于研究生们的培养，使他们在高层次专业教育上能够快速、健康的成长，并在专业知识、实践能力、职业精神、视野胸襟、研究方法等多方面受益，这就是我们所倡导的在十八届五中全会《建议》中提出的"将深化教育改革，把增强学生社会责任感、创新精神、实践能力作为重点任务贯彻到国民教育全过程。"要求的具体体现。

　　牟主任多年从事教育管理工作，曾任重庆一所高校校长，对中国高等教育现状了解得非常透彻，并对当前国家的教育政策和精神能够准确地理解，深入解读。前两个意料不到是出自于他对此行的真情实感，而最后的意料不到则来自于他对研究生教育所面临种种诟病的思考，结合川美研究生培养模式探索的经验所产生的联想与碰撞，而产生所见略同的契合，这番话对我们几年的思考，两年的实践是一个积极的肯定与鼓励。随后他逐条清晰地阐述了他对上午研究生们汇报和对这种联合培养活动的看法与建议……

重庆市教委副主任牟延林先生：

　　3月18日、19日，我和市教委学位办陈渝主任一道，受邀参加四川美术学院·深圳广田研究生联合培养工作站中期教学检查。

　　在深圳机场的时候，深圳广田设计研究院副院长严肃来接我们，其热情周到、言语简练，为我留下了很好的印象。我们首先参观深圳广田集团高科企业园，企业园内几层研发实验室、众多大名鼎鼎的酒店样本间，以及令同行的美院从事环境设计专业和研究生教育的老师和处长们高度赞扬的样本间解剖间（他们认为这就是学校应该建设的最好的环境设计学科的实验室）。同行的陈渝主任看了样本间以后，不断说启发太大，自己新买的房子不忙装……我在一个酒店样本间，就衣柜分隔的玻璃提了点小小的意见，认为其材质给人印象偏冷，可能采用木隔板给人更温暖的感觉。此言一出，不由令设计院专家高度赞叹，并自言要记下，在今后的设计中要注意改进。

接下来，我们参观了高科园的木质加工厂，偌大的厂房，流水线作业生产有条不紊，整个车间弥漫着一股淡淡的木材香，没有其他什么异味。天祥处长提醒我注意一张写着 ISO9001 质量管理方针的白板。我笑了一笑，上一次的在与工作站站长肖平先生的交流中，他一直在强调"设计的标准化"，这也是诱发我此行到深圳来的一个原因之一。作为国内最早将国际质量管理体系、环境管理体系、国家职业健康安全体系引入教育服务领域的探索者，听到一个原来学习油画专业的、现在做设计和管理的人提到"设计的标准化"，自然唤起了我的浓厚兴趣。

我们参观的第二站是广田工作站企业站导师姜峰所在企业杰恩设计公司，公司办公楼正处于腾讯对面。杰恩设计公司是一个以设计城市综合体为主营业务的设计企业,同行朋友介绍他是深圳首届十大杰出青年、是享受国务院特殊津贴专家，这使我不得不对他另眼相看。交流中，却知他还是我的哈尔滨老乡，不禁又心生几分亲近之情。作为设计企业，这家企业从形象墙、LOGO、艺术品收藏、休憩空间设计，充满浓浓的艺术气息。临近周末下班时间，企业里还自发有培训学习活动。周末下午 5 点多，这个时间还有多少学校能开展有效的学习活动，这令人怀疑。而他们介绍，他们这种经常的培训，不由令诸多学校相形见绌。

晚上的时候，广田企业工作站站长肖平先生、川美校友会会长涂峰先生一起小聚。川美在深圳校友会会员有八百多，据说是深圳最活跃的高校校友组织。川美的凝聚力让人感叹。

第二天，四川美术学院·深圳广田研究生联合培养工作站中期教学检查在工作站导师杨邦胜酒店设计集团会议室举行。八名研究生逐一汇报，导师们逐一点评。学生汇报和导师点评，精彩纷呈，过程中，我也忍不住，对学生进行提问。上午的报告一直延续到中午，时间控制得很好，最后他们也给我留了十分钟的发

行

环境设计学科研究生校企联合培养的探索与实践 第二季

Walking

Exploration and Practice of the School and Enterprise Joint Training of Environmental Design Graduate Second Season

言。我首先用了三个超出"想象"来描述我的感受。第一，工作站超出我的想象。广田高科园、杰恩设计公司以及为今天提供会议环境的杨邦胜设计集团的那么美的院落。那么好的企业、那么好的环境。第二，工作站导师超出我的想象。他们好教、乐教、善教。基于对设计行业的热爱，基于对教育的奉献，他们在自己繁忙的工作之外，承担了更多的社会责任，他们不仅有很高的实战水平，而且从他们的发言中，我们也能感受到他们很高的人文情怀和理论水平。同时工作站导师肖平、姜峰、杨邦胜、琚宾、颜政等来自不同的企业，他们聚在一起像朋友一样，这一方面，也超出我的想象。第三，学生学习状态超出我的想象。八个学生，上来报告，其选题、其姿态，俨然是一个个堪称老练的设计师，让人刮目相看。接着我用了四个不同"动词"对项目进行了评价：第一，行走在国家高层决策之前。工作站的建立、运行和取得成效，是在国家出台相关深化研究生教育改革文件之前，重庆市尚未开展研究生联合培养基地或工作站建设。第二，握手在产教融合的前沿。有温度、有力度，或许正在构建一种新的教学坊。第三，拥抱在超越物理时空的师生情感。研究生们是幸运的、也是幸福的。第四，托举起产教融合的标准。期待大家的探索，能为中国研究生教育的改革，提供范例、经验与标准。最后，我用三个词表达对这个工作站建设的期望，这就是：深圳味道、川美形象、中国风格。

下午的时候，工作站师生们尚在深入讨论出站成果出版与展览的事情。我们又在肖平院长的陪同下参观了广田图灵猫家居智能企业。在交流中，我们一方面感叹，科技发展太快，对未来生活影响深远。同时，我们就智能产品应用于教育领域，开辟图灵猫蓝海市场进行了富有激情和建设的对话。

晚上，师生聚会。研究生教育，不仅在课堂的知识传授，也在日常生活的各种场合，这是一次值得纪念的访问。

陈主任也从一个研究生教育管理者的角度谈及她在产教结合的研究生培养方面的思考，在了解川美在深圳设立研究生校企联合培养工作站后，对她工作有了较大的启发，尤其是亲自参加这样一场关于研究生教学的汇报讨论会，这样一场看似简单而人数不多的研讨会，对8个学生的研究课题的初步成果进行阶段性会诊。从这个活动能够透射出有一群人，试图通过他们的努力，来改变某一专业研究生培养的低迷现状，他们利用各自的资源结伴而为，不图眼前的利益，而求未来的收获，这种理想化的行动在今天这个时代真不多见，值得赞许。两年的实践已经有了显著的成果，你们的探索性教学实践的行为已经走到了国家刚出台的对研究生教改政策前面，你们是开拓者和践行者，这种培养模式对研究生教改具有重要的示范意义，我们会大力支持这样的探索。

他们二人的评价调动了所有参会人员的情绪，把我们这个普通的教学改革实践项目一下提升到示范的高度，这让我们有些意料不到。此事的初衷原本朴实无华，只是想改变一下沉闷呆滞的培养方式，没有想到要给谁作示范。研究生通过三年学习，专业水平、理论素养依然没有明显高于本科，这是普遍存在的问题。但每个学科专业都有不同的知识架构、专业要求，不能一概而论，我们只能从环境与空间设计的研究生培养上寻找自己力所能及的突破点，做些自认为有意义的事情。因为学生的知识与能力、视野与素质等问题，普遍存在于中国的高等教育体系之中，大家都看到它的症结，也在积极努力地探索改变，我们只是其中的践行者，所做的尝试或许会给其他探索者一些启发，而绝非示范之功。两位专业人士的话虽多有赞扬鼓励，但我们相信这是真诚的，相信是汇报现场各种因素真实地影响了他们，因为他们没有必要去恭维一个在教委众多教改项目中不起眼的一般项目和一群他们不相识的人。直到中午我们每人端着盒饭围坐在杨总公司员工食堂的大条桌旁，还在兴趣盎然地聊着未尽的话题。

在一个特殊的地方，与一群特殊的人，谈论一个平常不想谈论的话题，对于今天在座的每一个人来说都是一个意料不到的体验，会场气氛是不由自主的形成，同时也来自于在座每个人共生的心愿。我们相信他们的建议与鼓励，不仅仅因为他们是管理者，更因为他们是两个冷静的旁观者。

下午2点，新一轮的讨论继续进行，两位旁观者要去参观广田集团的数字化智能家居系统，下午只好告辞离开。这一阶段的讨论由我主持，主要是针对8位研究生下一步将要完成的研究成果与展览任务，对论文最终完成期限给出了具体的限定，同时根据研究生各自设计选题的初步构想情况，针对性地给予建议、调整和修改意见，帮助他们打开创作与表现的思路。这一时刻的头脑风暴对学生们来说非常及时且必要，他们正在为此焦虑，几乎每个研究生在此时都有同感，论文的理论梳理让他们厘清了市场需求与设计的关系，理解了文化与艺术在空间设计中的体现源自于多元化的市场目标和商业模式的需要，这是设计价值存在的主要因果关系。但如何秉持各自不同的设计动机、立场？如何以设计的方式将各自对项目的理解、取向、思考、研究通过空间、场地为载体表述出来？以具体化、视觉化、现实性、物质性的方式体现非物质的意义，这是很艰难的磨炼过程。他们真正认识到当设计面对现实的种种约束时，心中畅想的火花很容易被各种限定性条件浇灭，这是设计不同于艺术的分野之处，在约束中寻求突破这就是设计的创新，与此同时，他们对在校时的设计与学习又有了新的认识。

鉴于第一季出站成果展存在着重论文轻设计的问题，在此次讨论会上一再期强调对设计研究成果的重视与展现，多数研究生选题有较强的针对性，这个优势便于他们在接下来的设计研究中深化发挥。关键是以怎样的方式来呈现设计对场地、空间的用意，这是大家关注的，也是学生们纠结的地方。3月22日研究生们都选择到香港参观巴塞尔艺术展，很高兴他们有这样的学习愿望，通过参观艺术展览接受更多的启发，看看艺术家是如何关注社会，如何通过视觉化的形式表达自己的思想，这对研究生们下一步工作非常有益。我们最担心的是他们在经过近一年的学习，仍然对设计、对专业、对环境无动于衷，照旧沉溺于平庸与漫不经心的状态，还是像个被家长管、被老师催促的中学生。最后用无聊的几块展板和两个模型来示意培养的收获，如果这是联合培养的结果，那么这种毫无意义的培养尝试就应该结束了。但从目前学生们的整体状态上看不至于此，希望他们能超越第一届的水平。

下午 5 点半，由于形成成果时间越来越紧迫，出于责任，导师们在散会前经过商量，一致决定 4 月 8 号再进行一次看稿汇报。一整天的讨论终于结束了，大家一下松弛下来后突然有一种明显的疲劳感，研究生们围坐在一起闲聊，也不想同老师再继续今天的话题，看来的确很累。借这个片刻闲暇在 Y & C 公司的庭院转转是很好的放松，真的发现这里很美，难得的静谧，满眼都是绿植和花卉，对设计师来说真是可以激发想象和灵感的地方。不知道杨总使了什么办法，把这么一块万众瞩目的地块运作到手，在豪强林立的深圳，作为一个设计公司仅从经济实力上讲自然无法与之比拼，但设计之都也有不同寻常的做派，实力是综合性的概念，实在是佩服他在谦和的笑容后面有一双敏锐的眼睛、聪明的头脑、过人的能力。

（四）放不下的顾虑

4 月 7 日晚 11 点，我与环艺系副主任赵宇老师还是到了深圳，参加第二天的设计课题汇报，本想这次不来，由工作站的导师们主持看稿会，但思量再三依然放心不下对学生的顾虑，强打精神又来了。

4 月 8 日一早到广田设计院会议室，研究生和几位导师都到了。由于业务急迫，肖平院长在外地出差无法返回，主持会议的是工作站的导师孙乐刚先生。姜总与杨总因提前出国也没有到场，但他们都安排公司里的设计主管带上他们临行前准备好的文字意见参加会议，并专门电话或微信给我说明情况，认真负责的态度实在令人感动。

8 位学生依次开始将调整后的方案进行汇报，情况已经有了很大的改观，也许是他们在设计开窍，或许是之前我在微信群中一再的唠嗦加强了他们的紧迫感，总之这次课题设计较前期清晰了很多。大部分研究生的方案已经明确，并有不错的想法和表达方式，从这些汇报课题的进展上能够发现导师们的用心，他们真实尽力了。早上9点到中午1点30分，4个多小时的讨论会结束，根据导师们对学生选题进展情况，以及课题研究类型的综合情况考虑，建议将几位研究生在保持自身研究方向的前提下，分类组合成5个课题项目。其目的：一是为课题成果的规模具有一定的冲击力和丰富性；二是为课题之间特色更加明显、差异性更大，效果更为突出。经过师生们认真讨论后的重组方式，得到大家的认可和同意，进入合作课题的同学也理解这个建议的意为何为，这并不影响他们独立思考设计的问题，主观上没有造成什么障碍，只是需要与其他同学共用一个空间或场地作为设计表达的载体，同时考虑相互设计的关系。看来这次到深圳仍然是非常必要的，形成这个结果也必须经过一番论证和磋商，因为，在座的每位研究生与导师都为此进行了长时间的思考，这是值得他人尊重的劳动过程，不能轻易地否定。大家理解彼此的用意，才能达成相互认同的结果，至此我们的顾虑已经放下，匆匆返程。

三、"收官"与"重启"

（一）"收官"

"校企联合培养研究生工作站探索与实践"作为重庆市教委批准的教改项目，从2014年起到2016年结束，历时两年周期，今年即将结题。最有效的成果是研究生们的能力是否得到真正的提升，而能力的体现只有通过他们的论文与作品来说话，别无他法。学生们在成果上表现的优劣关系到本次教改课题探索的实效，也关系到下期联合培养的路径。为了客观地反映联合培养的成效，学校研究生处于工作站的导师们共同商量，将此次出站汇报展加入到研究生毕业展览之中，划出展场专区进行展览，其目的是想通过两种不同培养方式下的成果对比，显现出彼此的差异性和需要思考的地方。"收官"这个词在中国围棋中是指最关键的收尾阶段，关乎成败，因此重要。但课题"收官"是为验证可能，无关成败，重要的是师生认真对待，力求展览作品真实反映这批经过特殊培养研究生的实际水平和能力收获。教改实验往往从小做起，研究生教育是植根在体制上的一个庞大的系统，我们无意也无能撼动这个系统，只能从一个学科的某个专业的某个阶段来开展实验。既然是实验就有不可预见性和不确定性，否则就不叫探索，好与不好是根据不同的需要、不同的立场、不同的目的来判断的，而应用学科的研究生培养首先要顺应社会的要求，企业需要；其次要学生好学，有热情；再者要师资优良，具备优秀的专业能力。而这些方面恰恰是今天高校研究生培养中面临的瓶颈问题，教育与社会脱节、学生求知欲不强、应用学科教师远离行业前沿等，这些由于体制所造成的顽疾不可能在短时间内祛除，但可以通过引入体制外的市场力量促使其改善。我们可以从两年的经历中找到有价值的依据，一、企业愿意支持，没有任务指定和行政干预；二、学生愿意参与，并有强烈的学习愿望；三、设计师导师热情投入，推进中国设计行业向高层次目标发展，为自身企业储备力量。这些是不争的理由，由于这些原因促成了今天四川美术学院在深圳建立的第一个校企联合培养研究生的工作站，也是中国第一个实现设计学科跨区域产教合作培养研究生的一种尝试，从这个意义上讲它的确具有典型性和示范性作用。

如何完美的"收官"？距离展览的时间越来越近，每一个学生都根据自己的选题要求作出了进度计划，并严格按照计划实施，力求达到理想目标。培养的结果固然重要，但研究的过程更有意义，我们一再强调对选题的设计表达来自于对项目的理解和观念的创新，只有这样才能选择不同的方式进行表现，而不流于平庸。因此，真正意义的"收官"是最后的学习、磨炼阶段。只有通过对一个培养阶段进行目标明确的梳理，才能获得完整的学习体验，这就是我们将选择与毕业生一起展览的动机。差异性会在展览中一目了然，希望这种差异能启发我们的关注设计教育更加贴合社会发展和文明需要，从而引起相关话题的讨论，这才是我们想要的完美"收官"。

（二）"重启"

1."重启"新管理的预案

第二季联合培养进入收尾阶段，每到此刻大家都很紧张，所有与之相关的人都在围绕一群学生忙碌，像游戏总动员。第三季还是如此吗？经历两届体会良多，这是课题结束后的段落，还是新内容开始的提行，如果依旧如此，体现在管理上的压力与代价是不小的。在上一季结束前的集中突击，资源透支，到第二季的导师负责制的全程辅导，培养与管理在一条线上捋顺，培养方式的转变来自于对问题的总结与反省，并且减轻了集中管理、指导的压力。广田工作站现状现行管理人员3人，负责8名研究生的驻站学习与生活的安排，以及导师们的组织、培养情况的收集、会议安排及记录等工作。虽不是全职投入，仍然给企业带来不小的压力，也给这3名管理人员增加了额外的工作量。如果照此下去，待协议期满后再继续与广田合作或与其他机构合作，仅此一项将使合作方望而生畏，再大的企业也不愿意花3名管理人员的代价去管8名只对他们产生责任，而不产生任何效益与贡献的学生。因此，转变管理机制，减少管理成本是在下一期没开始前必须思考清楚，并付诸落实的问题。

如何转变？从这期尝试的导师负责制的实验中可以得到启示。两届的学生都是在工作站的统一管理下进行分散学习，住宿集中。在项目学习中，各自跟各自的导师，有的导师企业与工作站相距非常远，路途损耗的时间长有近2~3小时，不仅造成时间的耗费，对学生也有一定的经济压力。集中居住的目的：一是为学生的安全，学校的顾虑；二是便于他们相互之间加强交流、学习的考虑。但如果常态化地把时间耽误在路途上，这个成本将会更大，若是下一期人数再继续增加，是否可以考虑分区居住，分时段集中，分阶段交流。在强化建立导师组的培养方式上加入管理机制，将研究生的日常学习、项目研究、工作实践、生活与企业对员工的管理模式结合并轨，这样既减少工作站日常管理压力，在减少人员投入的同时也减少学生每天往返路途的消耗。以此方式仅需1人作专职管理，主要负责学生的日常学习情况汇总、与学校沟通联络、信息通知、集中检查、课题研究汇报、导师讲座召集等重点事宜的安排与通报工作。也利于学生真正融入设计企业的环境之中，与设计师打成一片，全面地了解设计职业的状况。

2."重启"新的运作方式

在文章前面提到对第一期出站展览及研讨的回顾，与会院校专家和设计界的知名人士对川美·广田联合培养研究生工作站提出了诸多有价值的建议和意见，其中最主要的话题便是工作站的影响面与作用面。在产校结合的研究生培养上，川美实验性地迈出了第一步，走在全国院校的前面，这是个创举，也是一个具有学科发展战略意义的重要举措。工作站的目的绝不仅限于对川美自身的研究生的培养，而应该是搭建了一个可以容纳多学科专业、多院校参与的同享平台，以深圳这个设计之都的优势资源广泛的范围于中国的设计教育，让更多的设计精英为中国的设计人才的培育多作贡献，让川美·广田研究生联合培养工作站做实、做强，而不是被其他院校"山寨"遍地开花、以假乱真。这些话对我触动很大，在发起此事的时候的确没有想到它会引起如此反响，只是出于对现行培养方式和研究生的懈怠状态的愤懑，想试一试能否寻找一些变化。

但事到如今，两期以后所反映出来的发展路径已不由初衷所限，企业、行业、院校都看好此事的前景，关键是它正好契合了当前国家对高校教育的政策要求，并先于政策进行实践探索，积累了难得的培养经验和梳理论证，具备良好的发展条件。在经过重庆市教委领导亲自检查调研后，得到充分的肯定与支持，说明其本身所具有的潜质与作用。两年课题周期的结束并不意味着活动的完结，应该是一个新培养方式的"重启"，重新思考、规划工作站的合作模式、培养模式、管理模式，以及发展前景，尝试多校合作的可能与途径，打开院校间的壁垒，将工作站作为一个高校设计学科与深圳设计行业开展产校合作的平台。这是个超出自己和所有相关人士的宏大想象的事情，要真正做起来谈何容易。大家都知道每期进站七八个研究生就足以让所有的人为之投入，如果在此基础上增加一倍，而且还是来自不同学校，在管理、安全、生活、培养以及经费的投入上将带来无法预料的困难。它就像一口大容量的锅，做少量的食物怎么翻炒都在锅里，一旦食物增多，食物的质量、味道、火候等是否能够达到期望的效果就难以预料，我自认为没有应对自如的高超"厨艺"，这将是"重启"首要面临的新课题。

事情从理论上判断是符合逻辑的，发展的方向已经不由自主地开始朝这个目标倾斜，但实际操作的难度很大，大量前期准备的工作尚未启动，而第二季出站的成果还没有形成，既要顾头又要顾尾，没有孰轻孰重，都非常重要且必须尽心完成，现在深切地体会到箭在弦上不得不发的被迫感。双重的压力真让人感到有些负重难当，想必也是新事物发展的必然过程。知行并重，贵在行动。"重启"是一种更新后的开始，好与不好总是在做了以后方能判断。经历两期对研究生特殊培养，就像经历两次不一样的自我训练，常常不断地告诫自己坚持把事情做完，坚持一步步走下去。还是以上一期"收官"时的结束语"观山、入境、登顶"同工作站师生与工作人员共勉。

（三）感谢

川美·广田研究生联合培养工作站两年的探索过程，给予所有参与者都是一个全新的体现，让大家认识到了彼此共同的价值观，并在一起共同创造了一些价值。

感谢广田集团董事会主席叶远西先生无私无虑的支持，让工作站的师生在宽松的条件下自主的工作、学习；感谢广田设计院的大力付出，管理人员的悉心操劳，让工作站能够不受经费的困扰、管理的担忧，顺利地开展对研究生的培养工作；感谢工作站的所有导师，你们不仅是中国设计界的精英，也是中国设计界的脊梁，没有你们的艰辛付出与持守，哪有研究生们对设计最直接、最快捷的切身感悟，对设计与市场前沿状况的深入了解，这将恩惠于他们一生的成长；感谢重庆市教委的牟延林主任、学位办的陈渝处长，你们的查巡调研验证了川美校企联合研究生工作站的真实情况，所给予的肯定是对工作站是最大的鼓励；感谢学校领导对校企联合培养研究生工作站的倾力支持，不仅仅是态度，在人、财、物及政策上都给予全面的支撑；感谢那些持不同意见的旁观者，你们的质疑是对工作站发展最理性的回应，促使我们将更加严谨、认真地面对培养过程中种种问题和可能。

有幸得到大家的关注，有幸得到大家的支持！

2016 年 4 月 3 日于四川美术学院大学城校区

陌生的偶然
——感悟研究生工作站第二季

肖 平
Xiao Ping

深圳广田装饰集团股份有限公司副总经理、深圳市广田建筑装饰设计研究院院长

不知不觉一年又过去了，盘算可能到手的愉悦与财富并没有如期来到，事实一点点证明工作与生活继续进入了一个陌生的偶然之中。整日过于陈规而琐碎的工作与世俗价值的标准推着你前行，让人难受是否又充满希望。我告诉自己："这不过是份拿工资的工作，你还想怎样？"是的！如同喝下大剂量藿香正气水，口感欠佳，但立马解决了你肚子不适的问题。

不知不觉一年就这样又过去了，研究生工作站第二季各项工作也接近最为重要的后半段。作为任职工作站的导师和各项工作的主要负责人之一，我越发感觉这个身份的陌生与这件事情的偶然。前些天工作站的各位导师听取了八位同学最后一次论文及展览的汇报，八位同学从不同的角度表述了自己对进站学习与生活的感受与理解，同时对自己论文的方向和展览的作品希望表达和呈现的效果作了认真的阐述。其中贾春阳同学的"标准化研究"、周筱雅同学的"趣城空间"、高彦希同学的"地铁空间标准化"、"来往"等选题让人印象深刻。各位导师对同学们的论文及作品作出了客观深入的点评，并给予了积极的回应。这是一个工作必须的流程，还是一种基本的责任，或是一种共同的理想……我们共同努力、期待，无需解答！

这一年我以一个普通设计师的心态，希望自己的生活和工作都慢下来，去静静思考怎样做好设计这份工作。现如今这个行业太过喧闹，一出出大戏轮番上演：各种鱼龙混杂的评奖，各种陈词论调的论坛，各种风格、主义矫情的粉墨登场，各种产品的推荐与代言，各种酒会Party与软弱的宣言，各种微信中的自我陶醉与臭美分享……以上种种行为，是否远离了设计的本质？其中各色人物过度地渲染着自己的特别与不同，操控着快速成名夺利的计谋。原本一件应认真而简单的工作，被演绎成滴血黄昏的江湖道场，也许这就是设计圈的本来面目或曰生存法则。我辈方可无所谓，随波逐流也未必不可。但是对年轻的设计师们呢？特别是对还未真正踏入社会开启自己设计事业的这些学生们呢？唯有甄别与等待，不能多想！

　　记得在工作站第一期《寻》书里，我反复提到"业余"二字，竭尽所能地论述怎样做一个"业余"的设计师，甚至怎样做一个"业余"的人。其实是想和同学一起去寻找那个最理想的"度"。我和这一期学生几次座谈中，反复提到的一个词是"对换"。"对换"什么呢？我想首先是教育方法的对换：学校和公司、理论与实践、老师与老总、学习与工作、学生与领工资的人，还有理想与责任、自由与担当、个性与共性、专情与随性……这一系列关系揭示着载体与平台的差异，身份与位置的相互转换、置移。八个月的学习与工作，实际上好似一场旅行，除带上你随行的必须用品外，更应带上你充足的勇气与心理上的准备，你是仅仅完成一次美妙的休假式旅行，拍下几张沿途美丽的景色留着日后的记忆，还是将自己融入景色之中，去发现与思考，去狂欢与落寞，去消费与对换，去惶惑终日还是干脆做个"亡命之徒"……这又是一个选择，这选择不仅需要勇气，还得加上点智慧。所幸，这一期学生不仅拥有这个勇气，种种行为体现出很接地气。大部分学生都领会到学校为什么要把他们送到企业来展开实践性学习，几乎所有学生都能第一时间领悟"对换"的价值和意义。更让我认可的是有的学生主动暂时放下那飘浮不定的"才华"和"脆弱"的创意，去探索本行业内在最本质的东西，去拾捡那一颗颗闪烁的"珍珠"。学校所学的理论知识和实践工作开始发生有意思的碰撞与交融，以一个研究者的身份真正进入一个个细小的单元追寻答案。脱下光鲜的外衣去努力成为一个专注的实践者。我对几个同学所选课题研究倍加欣赏，是否还看到有几个已打定主意要成为本行业的"亡命之徒"，并开启他们的"亡命天涯"。

　　当然也有个别同学的选题出现大、空和过于概念化的问题，其主要表现为对问题无法聚焦和流于表面。如对中国传统文化等重大课题的演绎，我一向认为这类题材均为美丽的陷阱，对创作者的综合知识、修为、专注、天性等都提出很高的要求,稍不留意你便成为这类题材的简单陈述者与推广人,很难找到自己的支点与角色。不能以一个今天设计师的独立性,以当下的精神和需求去重构一场别开生面的文化消费与愉悦。旅途中我们总期望,甚至迫不及待地带走一个满怀香气四溢、撩人回味的珍宝与记忆,却总是忘却了更应该在荒野丛中尽情"撒欢"。

"对换"这个词看上去商业味十足,甚至有急功近利的嫌疑,是的!但又有什么好说法呢?纵观整个世界与我们生存的社会,上到政治、军事、文化、艺术、演艺,下到家庭、恋情、友情。农民工大哥、清洁员大姐,无不都是在完成一场血雨腥风、酸甜苦辣、悲催搏命的"对换"。好在我们设计这项工作本就打上"实用"美术的标号,是否有些名正言顺。作为学生的"对换"我想应是分层次、分阶段性的,把握好自己现在的身份与任务,一步一步实现角色的"对换"。对我们"导师"我感到这个"对换"意义更加重大,事实上我们的教学计划和教学要求还缺乏系统性,只言片语、经验汇集、脱口而出地传播着我们对设计及设计之外的经验、见解与思考,不严谨且"业余",也正是我们希望借此"对换"自己的机会。"导师"这个称号于工作于我们仅是一次悄然的邂逅,一次陌生的开始。不论"对换"结果如何,"业余"会产生什么效果,但我想真心地说:"这个陌生的偶然,我们是认真的。"

今天是4月1日愚人节,2003年的今天,华人世界的偶像,我们的"哥哥"——张国荣在香港半岛酒店一跃而下,标示着一代流行文化的精神符号随之香消玉殒,是否也标志着他与这个世界"对换"关系结束。然而事情却不是这样,"哥哥"的又一场"对换"从那一天又开启,这一天让喜欢他的人再也没心情开"玩笑",或者发自内心的不愿开玩笑了。昨天素有建筑"女魔头"之称的世界建筑大师扎哈·哈迪德(Zaha Hadid)骤然离去,让世界愕然,让这本已"混浊"的24小时,更加的黏稠与窒息。这位生于伊拉克巴格达的杰出女性,已经在包括中国的44个国家设计了950多个项目。她无疑是当今建筑学星空中最闪烁的超级巨星。而这样一个人43岁以前还是一个纸上建筑师,65岁突然离去,单身、无子女、好酒、语言毒辣,在对她众多的赞美、褒贬中,我只记住一个孤独而大写的形象。

死亡仅仅带走她的躯体与行为，而灵魂却留在那一个个精妙绝伦的建筑作品里，与世人讲述属于她的传奇，她的故事，十年、一百年……

写到这里，我不由得想到加缪的那段话：

"虽得不到公正却向往公正，众目睽睽之下不卑不亢地构思，永远在痛苦与美好之间徘徊，在历史毁灭性的运动中以及其自身双重的存在里，抽丝剥茧般最终完成自己的创造。"

2016 年 4 月 1 日于深圳

寻　道　／　授　业

行
环境设计学科研究生校企联合培养的
探索与实践　第二季

Walking
Exploration and Practice of the School and Enterprise Joint
Training of Environmental Design Graduate　Second Season

行　环境设计学科研究生校企联合培养的探索与实践　第二季

Walking
Exploration and Practice of the School and Enterprise Joint Training of Environmental Design Graduate　Second Season

浅谈倪瓒文人画作品对于当代城市人居环境的影响和思考

◎ 杨怡嘉

Discussion on the Influence of Nizan Literati Paintings on the Contemporary Urban Living Environment / Yang Yijia

『文人画的表达方式是一个有着情义的大千世界』

姓名：杨怡嘉
所在院校：四川美术学院
学位类别：学术硕士
学科：设计学
研究方向：环境设计
年级：2014 级
学号：2014110092
校外导师：琚宾
校内导师：许亮
进站时间：2015 年 9 月
研究课题：倪瓒文人画作品对于当代城市人居环境的影响和思考

浅谈倪瓒文人画作品对于当代城市人居环境的影响和思考 / 杨怡嘉
Discussion on the Influence of Nizan Literati Paintings on the Contemporary Urban Living Environment / Yang Yijia

摘要

本文从哲学、美学及设计的角度对倪瓒的文人画作品对于当代城市人居环境的影响和思考进行研究。中国传统文化历史悠久，文人画更是作为璀璨瑰宝之一为后人所传承。文人思想的绘画作品。"文人画"普遍取材于山水、花鸟、梅兰竹菊和木石等大自然中的事物，借以抒发画家的情怀感悟以及个人抱负。文人画家们在画面内外都高举脱俗与轻逸。崇尚品藻，在画面内外讲究笔墨的情趣，脱离事物的原本形貌，强调神韵，重视文学内涵、书法的笔墨和画面意境的构造。文人画的发展最先起笔于山水花鸟，又非仅仅是从山水花鸟中获得灵感情趣。文人画的表达方式是一个有着情义的大千世界，它的意蕴和气韵是体验中涌起的关于世间万物的沉思，是具有高深哲学意味的。文人画的智慧表达是一种关乎于生命和温度的沉思，它是一种融进灵魂觉性活动的独特形式，是立足于当下景象的对于情感的回归与回望，是文人在卷轴之上的世界构建，这卷轴世界，是文人画家的理想桃源。倪瓒是元末明初文人画代表画家之一，其画笔墨疏简却其意深远，寥寥数笔其意横生。画如其人，风雅清逸，在中国文人画史上留下了清逸悠扬的笔墨。其画如真正隐士，云雾缭绕下的精髓在于"幽淡"二字。朱良志先生在《南画十六观》中就曾将倪瓒的绘画从"幽深、幽寂、幽远、幽秀"几个方面入手，描绘了倪瓒的思想桃源，可谓"云林幽绝处"。倪瓒的绘画看似清简数笔，实则内涵深远，有限的画卷尺度当中蕴含着的不仅是壮阔的山水，还有中国传统文人诗意的情愫以及透过纸卷带给观者的感动，以山水为媒介抒发情怀，其手段能否与当代城市人居环境产生共鸣，从而相互反应产生新的境遇是值得讨论与研究的课题。

在人居环境中可居、可游、可观、可行是构造居所的标准。通过将文人画的传统文化意象"折射"入空间中，在一定程度上可以起到文化传播的作用，使得其具有一定的文化指向。

　　倪瓒的文人画以山水、古树、建筑等意向为媒介，构造了以物象指代抽象情感的环境，营造出远离喧嚣秩序的朴素趣味。在他的画中，寥寥数笔皆能营造出人与空间及人与尘嚣的距离感，达到虚实、曲直、收放的对比关系。而对当代城市人居环境的设计思考，与文人绘画有着异曲同工之妙：

　　一、均是以物象围合空间营造人在空间当中的感受。

　　二、从平面角度的散点透视到三维空间均需把握其节奏变化，感受其抑扬顿挫。

　　三、以空间情绪可感知设计师（画家）所处环境氛围，并通过视线的转移以及空间中的游走来加深或转移情绪。

　　通过对倪瓒的文人画研究，将其"显性"与"隐性"文化植入到当代人居环境当中，对实现传统文化在当代环境中的运用具有重要的理论价值和现实意义。

关键词

倪瓒　文人画　人居环境　传统　当代　空间形态

图1 倪瓒《容膝斋图》

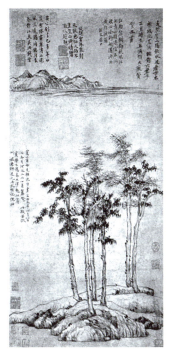

图2 倪瓒《六君子图》

第 1 章 倪瓒文人画作品的精神思路与理序

1.1 倪瓒文人画作品中"隐"的概念

在倪瓒的文人画与人居环境之间的一个共同点就是无论是画家本人所创造的画中世界，还是设计师用物质围合的这个世界，都是通过意向所打造的一个忠于自我的隐遁之所，在空间中寻求内心的平静与安宁。

而在文人画中多有庄严的神性贯穿其中，在苍茫群山之中环绕缥缈白云，虚和实，近和远，现实与幻境，使观者深陷其中，仿佛游于山谷，似拜访久居的长者，又似洞察山林中的诡秘，这种情感的抒发如同墨印渗透于画面中流露于画面之外，画家强调了绘画中的生命崇高感。此时，画家作画，不在于画什么，而在于"有所谓而然"。

在倪瓒的文人画作品中关于"隐、幽"的思路大多是空谷风鸣，隐士独自一人居于此处，远离尘世的喧嚣和市侩，独自一人居于"桃源"感受天地苍茫，逃遁风尘。在他强烈的个人风格下有着学界所说的"一河两岸"。在他的画面中往往横亘着一条平静的河流，水面并不湍急，却也难以逾越。这样的一条河流将画面分为了里、外两个部分，里面的世界犹如理想桃源，而外在世界则是我们所处的现实世界，我们身在"此岸"眺望"彼岸"，身处现实心怀理想。而这样的视觉图式给人以清冷和高洁之感，却也不失对于理想桃源世界的期待和向往。（图1、图2）

在倪瓒的画中，常常出现疏树、怪石、空亭，这甚至成为了倪瓒山水画中的一个程式化的符号，这些物象的出现和组合是画面的"显"。画面空空荡荡，中无人迹，经过了主观上的"纯化"。这使得他的画具有向上的趋势，有清逸之感。在作为自然人的愿望当中，脱离地球引力的束缚以及对于"向上、飞升"的渴望在画面中得到了体现。

"大隐隐于市"，作为人居环境地域的选择上，既要满足交通的通达性还要满足生活的基础功能性，这样如何在闹市中寻找宁静，远离市井秩序就成了一个需要研究的重要课题。人孕育于自然，从生理上和心理上依赖于自然并与自然保持平衡，"山水城市"成为了理想中的人居环境。混迹于尘世就是最根本的"隐居"，就是最根本的"藏"，在"山水城市"中寻求内心的平和，所谓"大藏者，不藏也。"只要内心安放莲花，则处处皆可寻平静。

根植于这样的情节去设计人居环境，必定要以人为本，注重人在空间中的体验，使得空间与周遭产生相当的"距离"，既要与周遭环境，也就是喧闹城市相融合，又要与周遭城市产生距离，使得这样的空间成为居住者逃离喧嚣尘世的世外桃源，在缥缈的江湖之中得以"隐身"之处。从道禅的角度来讲，隐，只是表面，于无藏处藏才是根本的追求。

处于这样的一个环境围合可说是超越了空间使用功能的"物性"，在这种方式下，画面呈现出的是体验中的真实情绪，或者说是"意思"这种情绪具有非定性，使得观者游离于画面内外，产生"既像曾经经历，又非曾经经历；既像世上已有的存在，又并非世上已有之存在。"在某种程度上可以说，形式上越是抽象，越超脱于外形的束缚，画面越是具有非真实性形态，那么在某种意义上越接近真实。

中国传统园林是古代文人的居住场所。在中国传统园林当中，也有所谓的"显"与"隐"。利用曲折路径延长整体空间的感知量，使得空间绵延深入，制造出幽隐、僻静的感官体验。行路两边通过用石块或植物等进行遮挡、拦截等手法使得行路者在路途中产生心理和生理上的变化。"初极狭，才通人。复行数十步，豁然开朗。"这样具有节奏的起伏和变化使得原本并不可观的占地面积拥有多层次的变化。在穿过曲折的道路，感受到体量变化带来的心理变化的同时，可以充分体现出设计师作为一个"能主之人"的把控能力。所谓"能主之人"，既非园林或者宅居的主人，也非添砖加瓦的工匠，而是站在高处，俯瞰整个空间，对空间从整体到细节全面操刀的把控者，即设计师。设计师在整体的建造和协作中起着不可或缺的重要作用。而在倪瓒的文人画中，倪瓒起到的就是"能主之人"的角色，从构图到意境的描述，从色彩的提取到笔法的延展，从整体到细节，全都由画家进行操控。画家的根本还是在于画，他的画就是他的设计，他的排布，是他思想的结穴。这样的归隐于画面之外却操控全局的"隐士"与处于明处的居住之地呈现的"显性"产生了有趣和精妙的对比。

1.2 气韵生动在人居环境中的体现

"气韵"本身是虚幻的，并非实质的事物，而气韵本身也并非是一种要素所决定的，气韵更多的是空间气质的一种实质化体验，是这个空间所独具的性格特征。倪瓒的文人画气质呈现反映了画家自身的观法和内心，一张画所反映的气质是其母体和自体的结构与解构，是具有叙事性的姿态和所处意识形态的特征。画家在创作的过程中，在特定的尺度之内描述自己的内心世界，画面中的构图、色彩、笔法、物象等，反映的是他本人的经历、价值观、期望，是其真实写照，是他所创造的内心的理想世界，而这片天地就是画家的纸上居所。而他们所画的，也可以说是一种自然建筑学下的视野构造，画的是一种从上而下的整体观法。

从倪瓒文人画的观察角度和人居环境的观察角度来说，其中之一是以视角的不同来进行区分。文人画多以第三人称视角来进行解读，以自上而下的俯瞰角度对整体环境进行剖析，无论是虚无缥缈的云雾烟霭、抑或是山石嶙峋，体现的是整体的大空间气质，多样物象共同构筑了画面本身的气韵。而人居环境，更多的是以人为第一要素。在人居环境中，多以第一视角介入，以体验者在空间中的游走，对整体环境的感知，感受自然光影的介入、空气的流动、空间的排布、植入的理念、室内与景观的相互协调等，无不表达了人、居住空间、自然环境之间的联系与交互。种种因素共同构成了人居空间的气韵生动。一个居住空间是居住者最直接的性格反映，除了它具有的承载功能之外，还具有意识形态植入的特点，是文化植入、地域性特征植入、居住者特性植入。空间中看不见的气韵是设计追问的本质所在，气所呈现的美以及韵所表达的质，需要物理化建构的结果去依附。居住空间是居住者身体乃至精神的外延，借阐述主人的生活方式，进而得知其生活态度，是为了解其生活方式的直观窗口，以写意手法提炼居住气质，游走于空间内在关系当中，从而共同构成空间气质的绵延。

以琚宾先生的作品《居然之家》为例，在作品中借助绢布这一具有文化性的材料，将山水意向与绢布相结合，以及若即若离的材质特性共同营造特有的文化

图3 琚宾《居然之家》

属性,将空间进行分隔和围合,空间不仅作为人功能性的容器,也承载了它所特有的东方精神(图3)。

　　山水作为东方意蕴的母体之一,其本身具有文化属性和精神指向,云烟雾霭中的远山作为屏风图案将诗意性的装饰推向远方,黛青色则体现了东方禅意内敛的情怀典故,将空间代入平静、轻逸的气质当中,满足人渴望脱离引力,追求神性的愿望。这种围合空间的呈现打破了一般居住空间的唯一表情。隔断在这里也起到了限制性的观看与游走的作用,有意识地引导人的活动,将人的活动轨道限制在计划之中,在特殊节点以"有限"的观看方式,再做适度的遮掩,依然让人觉得此处所应当而非做作而为,在某种程度上,这种呈现方式也可以说带来的

图4 倪瓒《松林亭子图》

是"无限",所以这样的围合手法更是诗意的空间解构,这样的视野构造组成了独一无二的镜头语言。崇高脱俗与凡尘朴素共同糅合在一起,共同营造出别样的视觉呈现方式,跨越时间与空间,设计师能够与体验者达到神交。故而"质胜文则野,文胜质则史,文质彬彬然后君子。"

1.3 倪瓒文人画作品的画面元素视觉典故

典故的使用可以以简驭繁,以有限的条件和视觉焦点营造出丰富的文化内涵,合理的视觉典故使用可以丰富所要表现的文化历史内涵,增强其具有的文化属性。

在文人画中亦存在着视觉典故的使用。如倪瓒的作品《松林亭子图》(图4),画面近景是高耸的树木,清瘦而稀松,在树旁有一孤亭立于平静水面之上,远山

图 5 日本枯山水庭院

缥缈似不可见。在倪瓒的文人绘画中常常出现"孤亭"这一视觉符号,黄公望曾经赠诗于倪瓒:"荒山白云带古木,个中仍置子云亭。"亭子本身是供旅人停靠以及暂时休憩的场所,是"留不住人"的空间,是见证往来的场地,亭子本身是不可移动的,移动的是来来往往的旅人,而相忘于江湖才是寻道的根本,在《南画十六观》中将云林的孤亭作了这样的解释:"他画这个草亭,其实是在画人的命运。云林将人的居所凝固成江边一个寂寥的空亭,以此说明,人是匆匆的过客,并无固定的居所,漂泊的生命没有固定的锚点。云林由几间茅舍变而为一座孤亭,以显示尘世中并无真正的安顿,就像这孤亭,独临空荡荡的世界,无所凭依。云林的江滨小亭还是一个凄冷的世界,不是人对世界的冷漠,而是脱略一切知识情感的缠绕,还生命以真实。"将物象注入哲学的思维,将其赋予更多的思考意义,单纯的物体植入主观的情绪,并将这样的情绪传达给观者,将其演绎为更加深刻富有含义的再生之物,这与人居环境的营造手法不谋而合。

在人居环境的营造当中也有使用典故的案例。例如,枯山水的节点设计就有其特殊的典故(图5)。枯山水取自禅宗苦修,僧侣每日精心耙过白沙当作修行,而白沙在这里就是浩瀚四海，将白沙上的九块形态各异的石块比作雄伟的须弥山（冈仁波齐），其隐含了"芥子之地纳须弥"的寓意。所谓"一沙一世界，一树一菩提。"具有禅宗思想的环境中有着明确的主客之势、具有韵律之感的构图美学。而在这些构图美学之中同时也展现了宗教学当中的种种象征寓意和仪式哲学。

第2章 空间与平面的关系

2.1 倪瓒文人画作品构图之美对于空间塑造的启发

在文人画的创作当中，画家对于画面的位置布局被称为"经营位置"（乃谢赫所提出的绘画六法之一）。经营位置可以比喻为排兵布阵，是对于立意的深化，是对于画面秩序的重新规划。作者对于画面位置的经营是指作者绘画前对画面进行必要的构图，这部程序直接影响画面的后续内容的进一步安排和画面的整体构成感。

计成在《园冶》中提到"物情所逗，目寄心期，似意在笔先，庶几描写之尽哉。"唐代的王维也在诗词中写到过"凡画山水，意在笔先。"计成和王维在这里提到的"意在笔先"最早是从文人画作画角度借鉴而来。

"意在笔先"顾名思义，就是指在作画前要对画面的布局胸有筹谋，对画面的最后完成效果有一个合理的预期。

在人居环境的营造和布局上"意在笔先"也同样适用。在进行之前，设计师一定要对空间布局有所预期，在整体的层层推敲之后再深入细节进行刻画。而在平面布置的推敲上，则要借鉴中国传统文人画对于空间虚实、摆布疏密、色泽浓淡、结构解构之间的关系，从文人画的二维平面到人居环境的平面布局上，两者有着共通的联系。

"密不透风，疏可走马。"在文人画中非常重视这句话。虚实关系的处理直

图6 倪瓒《江岸望山图轴》

接影响到画面的意向和构成感。留白，留出的是令人遐想的空间，留出的是意境的延伸，是禅意的哲理。而密则密的是节奏，密的是细节的刻画和深入骨髓。疏密的配合需在整体的把控下进行。

在倪瓒的《江岸望山图轴》（图6）中，有限的尺度中，画面的下沿是潺潺的流水，沿水石块上几株消瘦树木立于岸边，被植株掩映处是一个简易的茅草屋，视线上移，大面积留白的表现是一池平静的净水湖泊。整个画面节奏清晰，疏密错落缓步而上。在当代人居环境的设计中，也存在文人画当中的"大道至简"。密斯·凡·德·罗说过："less is more。"以最简单的方式处理最复杂的问题一直以来就是门高深的学问，由矫揉造作的繁复层层剥离，留下的就是其中的领悟。"凡事物之理，间斯可继，繁则难久。宜简不宜繁，宜自然不宜雕斫"。

在中国传统文人画中，所谓"收"即聚拢、约束控制、缩小；所谓"放"，即解除约束、扩大、夸张。收与放是相对的无收既无放，无放则无收。收与放体现了中国传统文人含蓄内敛的性格特点，中庸的处世之道和适可而止的自律准则。文人画的繁简哲理也同样适用于人居空间的设计推敲当中。在空间之中的"简"是跳脱繁复后对于美学的真正崇拜，家具和陈设上的简是物尽其用的生活态度。少即是多。在设计上，只有将朴素至纯糅合在设计理念当中才能从纷繁复杂的万事万物中把握核心。

2.2 人居环境中的师法自然

在当代，人居环境的作用不仅是作为一个简单的空间围合，也不仅是作为人遮风避雨的窝棚。但对于现如今的设计市场来看绝大多数的人居环境并未履行"可居、可观、可行、可游"的标准，而是脱离于人性，一味追求高档奢华，忽视了人文关怀，使人与空间缺乏交流，变得生硬冷漠，人在空间中也难以得到互动。这样缺乏温度的设计是脱离人性的，是盲目冰冷的。

人生于自然，长于自然，人与自然是不可分离的。"山水"是人类理想中的栖息环境，"山川之神，则水、旱、厉、疫之灾，于是乎崇之。"空间内使用山水意向来构建诗化的语境，将山水大物的画意融入整体空间当中，不仅实现空间的文化性承载，同时实现了人的情感需求。在文人画中有"师法自然"的概念。以大自然为师加以效法。在文人画中，人、自然、环境是三位一体不可分割的。人作为自然中的一个点与自然和谐共生，表达了人作为动物性的必要需求。在中国传统园林中有"虽由人作，宛自天开"的张力意愿。在自然环境中共生的美好愿望延伸至人居环境中化为了叠山理水。古人在属于自己的一片天地中将山水景观包含在内，在自然与超自然，山水林石与意味心趣之间表现出多元共生的成长形态。而在当代的人居环境中，如何追求人内心的返璞归真，将自然山石的包容情怀和自然情感融入居所之中也是一个重要的课题，只有身处自然当中才不会忘却人本身的自然性，才会使得住所有"温度"和情感。

第3章 文人画与人居环境中生态学的应用

3.1 生态与环境的影响要素

在文人画的山水之间离不开其特属环境的生态学原理，但又超脱于真实的生态环境，在真实的基础上做了相对的艺术加工，使其呈现出画家所想要表现的艺术效果。所以，文人画不仅源于自然并且超脱自然，在"似与不似"之间。

如倪瓒的绘画，永远给人以寒冷、孤寂之感。他的绘画，不论是白天还是夜晚，不论是早春还是深秋，不论是风华茂盛还是萧瑟凋落，不论是早春、盛夏还是深秋，倪瓒都在主观意愿上将其处理成清冷、幽远的世界，他的画，可谓是"树树皆寒林，汀渚多冷水，远山总萧瑟。"他的画面依赖于当时当地的自然生态原理，却又超越了真实的生态景象。他的画，更像是在现实之外寻找生命的真实。

而对于当今的城市生态学，每一个地区都有各自不同的生态特性，因此因地制宜地去对应设计就是至关重要的。在生态与环境对于人居环境的影响是非常大的，自古便有"靠山吃山，靠水吃水"的谚语，因地制宜，针对不同的地理特征、不同的气候条件以及当地的生活以及宗教信仰来进行设计。

以重庆地区的气候特征为例，重庆市处于中国的西南部、地处长江上游地区，气候温和湿润，属于亚热带季风性湿润气候。重庆市降水量较为丰富，降水多集中在5~9月份，是中国年日照最少的地区之一，常年云雾缭绕，被称作中国的"雾都"。重庆地区的人居住宅就要因地制宜，在设计上突出采光和防潮、防虫蛀的功能，在空间格局上要注意通风。为避免长期受雨水侵蚀，建筑外立面则要注重防腐。不同的地区具有不同的自然环境与人文历史的特点，要根据所处地域的不同因地制宜进行设计思考。

3.2 叠山理水

叠山理水在中国传统园林当中处于非常重要的地位，是传统园林造园最基本的手法。根据园林的基本的地形和当地的气候特征来进行有目的的设计。在设计中要注意随形就势，削低垫高，引水成池，筑土为山，使得园林景致山美如画，水秀如诗。叠山理水将壮美的山川河流进行微缩和概括，浓缩进场地有限的园林当中，太湖石的仿山妙用呈现出山体瘦、皱、漏、透的艺术形态，形态玲珑全靠理石的巧妙。叠山体现了中国古人芥子之地广纳山川的情怀，也体现了古代文人"仁者乐山，智者乐水"的山水情谊，使得人居住宅环境在人文情怀和历史情怀上有了很大的提升。在计成的《园冶》中单独有一章来阐述缀山的方法及手段。园林中进行叠山理水与禅宗日式庭院中的枯山水有相同的意识形态，都是在方寸之地感受天地之须弥，都具有一花一世界，一树一菩提的精神情怀。但是中国的苏州园林与日本的传统园林在造园手法上有着很大的不同。从布局、理水、叠山、置石等角度均有区别。日本园林最为著名的"枯山水"以白沙象征水面，以小石头象征岛屿，极端抽象的体现山与水的关系，也是包罗万象的关系。然而日式庭院也有使用真山真水，如《池泉筑山庭》，但其注重的更多是水的形态。而中国的园林讲究的则是"疏园之去由，察水之来历"。谨遵"虽由人作，宛自天开"的造园守则，水系有所曲折以显示源源水脉，同时也讲究水流的聚散关系，做到"聚则通阔，散则萦洄"。而在叠山方面，日本的园林往往模仿"一池三山"，而中国的园林则要更加丰富且富有变化，叠山往往依水而造，山水融为一体，可谓是"地得水而柔，水得地而流"，"胸中有山方能画水，意中有水方许作山"。山水本就是园林的骨架。而在置石之法上，日式庭院置石主要是利用石块与石块之间的构成关系来体现须弥山之伟岸广阔，石头造型追求光洁、平滑力求稳重敦实。而中国的园林则更注重变化和石头本身的优美和其独具有的观赏价值，如苏州园林多采用太湖石置石，追求石头本身的"瘦皱漏透"。日式园林和中式园林的叠山理水从观赏角度也有很大的不同，可谓是一静一动，日式园林的叠山理水是以静为主，趋向于纯净和细节脉络，而中国园林则适合游走观看，更追求惬意自然和以人为本。

第 4 章　倪瓒文人画作品中的环境心理学

不同的环境氛围会对人产生不同的影响。无论是画面的色调还是画面中物与物之间的距离和尺度，都给人以不同的感官体验。

在倪瓒文人画作品中景观与景观之间的距离和联系比景观自身更为重要。在倪瓒的绘画上非常注重意向的"纯化"和"清冷"，色调和景物的排布都给人以无限的宇宙、绵延的时间的广袤之感。人在景中显得如此寂寥和渺小，所居住的地方只是无限空间中的一个有限的草棚，荒天古木中的一角，是无限时间中的一个片刻。人在这样的环境下很难找到自己的存在感，会产生对时间空间的敬畏，在他的画中，常常见到荒山古水中屹立一盏孤亭，亭中空空如也，给人以高深出世之感，这样的小景体现出一种无人之境的高妙。空亭，作为精神清洁、脱俗的象征，与尘世保持距离。在他的画中，似游于非现实之境地。而这大笔的留白、浩瀚的时间、空间之感表达的是他的思想语汇和结穴。在他的画面构图上常常采用"一河两岸"的构图，河水是此岸与彼岸的间隔，是景观空间中的自然隔断，隔出了近景和远山，也隔出了现实世界和理想世界的距离。这个隔断在画面中的横陈，就如同观者被这条河流阻碍了对理想世界的路途，人像是被抛掷到画面之外，却可以观看到画面之内，这种"望而不可得"也为观者带来了不同的心理感受。倪瓒曾经有诗写道："亭子清溪上，疏林落照中。怀人隔秋水，无往问幽踪。"倪瓒和画的观者在被"隔"的此岸世界中，向往理想的彼岸。有隔就有望，他画面中的那一条河流挡了通往"彼岸"的路途，立足于现实，眺望理想，这样的画面构成形成了巨大的内在张力世界，这些意向和距离均带给观者不同的心理体验。

在倪瓒的《紫芝山房图轴》（图7）和《江岸望山图轴》中，画面都有着倪瓒作品本身独有的清冷气质。两幅画有着很多共通之处，在物象上都是由远山、古木、枯石、孤亭、水面等围合而成。画面在构图形式上也是采用中部留白，上下着墨的方式进行。图轴的上部是云霭中的缥缈远山，虚实的结合将其推向远方。中部留白，似平静的水面又像是云雾皑皑，这样的画面营造让人产生身在虚幻仙境的错觉。画面的下部则是主要物象集中之处，树、石、亭这些倪瓒画面中通常出现的物象共同围合，将画面的重量下移，使得画面整体重量是向上提升的，是轻质上移的。观者若身在画中，就能深切感受到画面中的空间布置对于人的生理和心理产生的影响。若将画面中部看作是水面的话，滨水景观一般会给人以静谧之感，水能够改变区域内的小气候，并起着吸声的作用。在这样的条件下，水边自然而然会给人以"静"、"冷"之感，画面中的其他物象也多在心理上给人以形单影只、飘忽不定的心理感受，所以这样的物象的结合会给人以特定的生理和心理体验。

在文人画中还有非物质围合的影响，比如风的流动、虫鸣、光线等。这些意向虽然在画面中无法看出，却能够通过其他事物的表现从而体现在观者的想象力当中。不同的意向会唤起人的不同记忆，比如虫鸣会唤起人在夏夜荷塘的记忆；轻缓的风的流动让人能感受到的是舒畅的空气、清新的自然和有序的空间排布；不同的光线则反映的是不同季节下的不同时辰。而这些不同元素之间的不同组合出的空间氛围也是截然不同的，流露出的是画家或设计师所要表现的特定的情感的"场"。

图 7 倪瓒《紫芝山房图轴》

这是倪瓒绘画中的环境心理学体现。

第 5 章　研究倪瓒文人画作品对于当代城市人居环境的影响和思考的理论意义和学术价值

5.1 对于当前人居环境状况的启发与批判

自工业革命以来，从手工生产到机器生产，生产力发生了质的变化，逐步进入了现代主义设计范畴。现代主义设计抛弃了矫揉造作的多余装饰，重视使用功能内核。以密斯·凡·德·罗为首的现代主义思潮的设计师们在探索设计之路上开拓先河，提出了著名的现代主义论断：less is more.

现代主义注重功能性、实用性、经济性、效率性的设计理念也成功地将设计带入了新的领域。而在 20 世纪后期，随着高科技的发展带来了大批量的机械复制和数码复制，设计在某个程度上变成了单纯产品的复制产出。大规模的工业化生产最终使文化和信仰也成为机械复制的产出物，而这些产品在此之后又作为交易商品进入了流通领域。现代主义由于过分注重功能而忽视了人性被一部分设计师所抛弃，如何平衡使用功能与美学成为了新的课题。现代主义由于过分注重功能而忽视了人性被一部分设计师所抛弃，如何平衡使用功能与美学成为了新的课题，功能性与人性之间的平衡问题被再次提上议案。

在进行了混乱的尝试与批判后，后现代主义思潮逐步崛起。后现代主义一词起初被神学家和社会学家所提出，用于表达"要有必要意识到思想和行动需超越启蒙时代范畴"。后现代主义涉及在文学、音乐、美学、设计、社会学、哲学等等的各个领域。后现代主义不是一种运动，而更像是一种思潮，是关乎于对人性关怀的思考，将"以人为本"的概念提到了设计高度，后现代主义的代表人物之一文丘里甚至戏谑性地提出了反对密斯·凡·德·罗的"少即是多"。而这里的"少"少的不是弯曲的藤蔓和繁复的线条装饰，而是少了对于人性的关怀，设计是为人的设计而不是为物的设计。设计不仅要满足物本身所具有的使用价值，更要在其上体现出设计师对于社会和人群的包容和关怀，无论是身体健全还是残疾，无论贫富都有权利享受设计对生活的改变，真正的设计是为大众而设计。

中国的设计起步较晚，到如今也只有三十多年的历史，而在这三十多年里，中国的设计将西方设计历程做了大幅度的压缩，迅速地从现代主义过渡到后现代主义。所以在短时期的进程中出现了一些问题。

在设计中一味地注重奢华效果，使用材料相对铺张，使得空间冰冷，与人产生了相当的距离感，如同工业制品般并未和居住着的"人"产生关系，这样的设计特别是商业样板房比比皆是，将设计孤立的、封闭的对待，这样的空间脱离了"以人为本"的设计理念，这样的设计并非是为人的设计。

在倪瓒的文人画作品中，感受到的不仅是对于传统文化的憧憬和崇敬，更多的还有从不同的出发点对待人居空间与人的关系。在物理构建上，人居空间作为承载人的身体及情感情绪的小场所，它与人产生的关系是相互的，一方面，空间的自身属性将影响人的情绪和生理特质，在质地较轻，气质轻盈的空间情绪下，人的情绪也是上移的、平静的。在质地浑厚，色调以及材质沉重的空间影响下，人的情绪也是下沉的、肃穆的。在倪瓒的《紫芝山房图轴》中，用黑白关系的角度去赏析的话，画面的着墨实则较轻。画面着墨的重点在于画面的上部以及下部，中部以留白以及略施笔墨的手法表现，整体淡雅飘逸，给人以静谧缥缈之感。在笔墨中充满变化，每个笔墨的浓淡全部统筹在整体氛围当中，使得画面充满画意而富有变化，在有限的画幅之中表现无限的细节和情绪，可谓是"芥子可纳须弥"。

5.2 人居环境中精神内核的延续和传承

人居空间是作为人生活的容器，承载的是人的身体、情绪、尊严以及记忆，是带给人最多安全感的避风场所。所以，空间与人的心灵的距离就尤为重要，在整体的平衡度的把握上，细腻柔和的空间层次软化了这层关系，使体验者在空间中具有"归本感",即位于空间当中而又忘记空间的存在。对于不同的居住者都应当对应其特点有不同的设计表情,人居空间是居住者生活方式、经历、品味的最为直观的表现,在设计上提炼居住气质,使得空间承载的隐性内涵游走于空间内在关系当中,从而共同构成空间气质的绵延。所以对应不同的空间应当有其不同的"气场",从而产生居住者与居住空间之间的共鸣。

而文化在空间中的植入,会使得原本冰冷的混凝土建筑注入了人类精神的能量。文化作为人类千百年的智慧积淀在空间中萦绕,会使得冰冷的建筑机器被赋予生命,从而绘制出悠远的意向和东方精神。将文化元素进行提炼与分层,用现代化的设计手法在人居环境中进行表现,能够将现代的设计、理念与传统元素融合在一起,达到多元共生。使得空间具有思想性、丰富的人文关怀以及特别的生命感知意识。对于东方文化来说,"山水"一直是人类理想中的栖息环境,"山川之神,则水、旱、厉、疫之灾,于是乎崇之。"

空间作为其基本功能的载体,围合出符合使用功能的场所。它的空间性表达属其"显",而在基本功能的基础上承载人的感知、情绪变化以及它所包含的文化气质则属于空间的"隐",在解读东方的气质上,传统与当代、气质与美学、继承与创新在空间中相互交融撞击,迸发出空间新意的激流。空间中的各组异质物象之间通过文化的隐性植入结成微妙的内在关系,在神韵上汇聚,在意向上统一。

参考文献

[1] 朱良志. 南画十六观 [M]. 北京:北京大学出版社,2013.
[2] 金秋野,王欣. 乌有园 [M]. 上海:同济大学出版社,2014.
[3] 计成. 园冶 [M]. 北京:中华书局,2011.
[4] 王欣. 如画观法 [M]. 上海:同济大学出版社,2015.
[5] 杨小波. 城市生态学 [M]. 北京:科学出版社,2005.

[6] 林玉莲. 环境心理学 [M]. 北京：中国建筑工业出版社，2006.

[7] 熊瑞源. 中国传统文化内隐因素对室内环境艺术设计的影响 [J]. 陕西科技大学.

[8] 王锦. 试析中国传统文化中的"意向"对现代环境艺术设计的影响 [J]. 沈阳师范大学渤海学院.

[9] 李晓东. 中国环境艺术——山水环境观 [J]. 浙江理工大学艺术与设计学院.

[10] 张丽娜. 中国传统文化对现代设计的影响 [J]. 天津工业大学.

[11] 奉隆瑜. 浅议现代环境艺术设计与中国传统文化 [J]. 西华师范大学美术学院.

[12] 任海静. 中国传统文化在建筑中的体现 [J]. 重庆大学.

[13] 李世葵.《园冶》园林美学研究 [J]. 武汉大学.

[14] 赵扩. 文人画对中国传统私家园林的空间形态的影响 [J]. 中南林业科技大学.

[15] 刘晓燕. 从观到观者——论从传统文人画到当代中国画的审美时空观演变 [J]. 山东师范大学.

[16] 陆玲玲. 当代新文人画（山水）的禅意研究——论明瓒新文人山水画中的禅意美 [J]. 西南大学.

[17] 刘青. 禅对传统文人画的影响 [J]. 山东师范大学.

后记

论文在撰写的过程中得到了很多老师、同事、同学的建议和指教。在此感谢恩师许亮教授对论文的指导和建议，感谢琚宾老师对我论文撰写和实践工作给予的帮助和支持。

"瀑布来自高处，源头之水皆平静，到此成激流。"

在 HSD 水平线工作站的为期八个月的奋斗带给了我太多的知识和回忆，感谢公司同事们对我的帮助，感谢同赴深圳的七位同学的关心和支持，谨此向一切教诲和帮助过我的师友们致以诚挚的谢意。

2016 年于深圳水平线空间设计有限公司

行
环境设计学科研究生校企联合培养的探索与实践 第二季

Walking
Exploration and Practice of the School and Enterprise Joint Training of Environmental Design Graduate Second Season

重拾温暖
——壁炉在室内设计中的应用性研究

◎ 王恋雨

Back to the Warmth—the Research on Application of Fireplace in the Interior Design / Wang Lianyu

『壁炉的存在连接着空间中人与人之间的关系』

姓名：王恋雨
所在院校：四川美术学院
学位类别：学术硕士
学科：设计学
研究方向：环境设计
年级：2014 级
学号：2014110087
校外导师：颜政
校内导师：潘召南
进站时间：2015 年 9 月
研究课题：重拾温暖——壁炉在室内设计中的应用性研究

当我们一提起壁炉，心里总是感觉到温暖而感性。壁炉虽然是舶来之物，但由于其特殊的功能与形式作用，流传至今，广受使用者的青睐。壁炉有着实用、视觉与文化多重意义。壁炉作为一件室内用具、设施，它浓缩了西方建筑史、艺术、文化、生活方式等多方面，研究壁炉就像是一次历史穿越旅行。本文通过介绍壁炉的历史文化、壁炉对人们生活方式的影响和壁炉与空间的关系来说明它在空间中的特殊价值，以及在今天的室内空间中，仍然发挥着不可替代的作用。壁炉不仅是带给人们身体上的温暖，由于火的温度和火焰的视觉效果，以及壁炉所特有的体量形式，使其自然形成人围坐的中心，同时也是室内空间的视觉中心。因此，壁炉的存在连接着空间中人与人之间的关系，同时使人们找到一种亲切的归属感。

第 1 章　壁炉史话

1.1 壁炉的起源

壁炉的起源与我们的祖先使用火的历史是密不可分的（图1）。无论中西方，火都与家族的兴旺、家族的传承有着密切的联系，也就是"薪火相传"的说法。火总是象征着正义、光明、力量与温暖。壁炉的雏形可以追溯到古希腊和古罗马时期，公元前 2000 年在希腊的迈锡尼宫殿的中厅就有一个火塘，顶上有一个专门的排烟孔洞，这是现存最早的人类在室内空间利用火的遗迹。[①]古希腊、古罗马的建筑与装饰题材总是与人类的生活息息相关，因此人类利用火的题材也会在当时的雕刻和壁画中呈现出来。再到之后的中世纪，我们可以从少量遗留下来的建

图1 原始人对火的使用（图片来源：王绪远.壁炉——浓缩世界室内装饰史的艺术.上海：上海文化出版社，2006:12）

筑中发现早期壁炉的身影，当时人们的房屋既是谷仓又是住宅，住宅的功能并没有单独分离出来，壁炉也只是简单地在墙体上面开洞，主要用来烘烤和取暖，几乎没有什么装饰性。玫瑰战争（1455~1485年）后都铎王朝经济繁荣发展促进了建筑业的发展，从中世纪建筑风格过渡到精致的古典主义风格，此时住宅功能的日趋复杂和房间的增多使得壁炉从中央灶台中分离出来重新确立位置，成为室内空间的中心。

1.2 中西住宅取暖设施的差异

不管是中国还是西方在远古时代都是使用火塘，之后由于中西文化的不同导致了生活方式的差异，在取暖设施上也表现出了截然不同的形式。中国火塘与西方壁炉从空间上都位于"中心"，但火塘处于空间正中，而壁炉以墙而邻，是空间的视觉中心，这说明中西方建筑与生活方式的差异导致取暖设施位置的不同。西方壁炉在空间中有一个特定的区域，不管使不使用，都是被固化下来的、不可活动的，而中国的火盆和一些火塘是可以根据需求而移动的。

中国的传统建筑为木结构，极容易被点燃，不能用太大的明火来燃烧，所以中国火塘通常使用炭作为燃料，炭燃烧面积小，温度持久。而西方建筑由砖、石砌成，还有专门的排烟道，所以壁炉的开口相对较大，火苗明露在居室空间内。除了火塘，在中国北方，火炕、火炉、火墙、地火各种取暖设施都是根据建筑构造而来的，建筑史学家肖默认为，中国传统建筑是内向含蓄的，西方建筑则是外向的、放射的，所以壁炉的火源是明露在外的，而中国的火炕是内置的，这也正如东西方人们的性格一致。[②]（图2）

从使用功能上来说，火塘与壁炉体现出人们在居室空间中都离不开对火的使用，都出现于聊天会客、体现家庭精神凝聚力的场所。由于中西方饮食方式的不同，所以中国火塘的烹饪功能比壁炉更为突出，早期壁炉虽说也兼具着烘烤功能，但是非常简单，只需要烘烤一个够全家人吃一星期的面包或者一只乳猪，而东方的烹饪就复杂许多了。

西方壁炉近年来呈现出千姿百态的形式，而东方的火塘和暗藏的火炕则在形

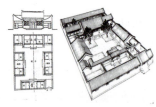

图2 北京四合院平面图与轴测图，可见使用传统的火炕取暖（图片来源：王绪远．壁炉——浓缩世界室内装饰史的艺术．上海：上海文化出版社，2006:28）

式上变化无几。由于新的取暖方式的出现,东方传统的火塘等取暖设备渐渐地减少,在北方等采暖区,已使用现代化的暖气设备,更环保节能。

第2章 壁炉的发展演变历程

壁炉作为空间里一个"特别"的构件,随着社会与时代的变迁而变迁,但是从未离开过我们的生活,不管在哪个时期都反映出当时的社会风貌。壁炉在发展的几百年来在功能上、建筑结构和风格上以及与人们的生活方式上,发生了哪些变化?

2.1 壁炉在功能上的演变——壁炉,不只是家具

2.1.1 传统壁炉——以实用性功能为主

图3 初期的壁炉开口较大可烘烤食物,壁炉形式十分简单,周围放满了厨房用品
(图片来源:Gitlin, Jane.Fire Places: A Practical Design Guide to Fireplaces and Stoves Indoors and Out.Taunton Press,2006:97)

壁炉不只是一个家具,它的意义也不仅仅是带给人们身体上的温暖。壁炉能流传至今,与它的功能是分不开的。壁炉与其他的取暖设备最大的不同在于它独一无二地将视觉观赏性和取暖实用性巧妙地结合起来。初期的壁炉主要的功能是用来烘烤食物,也叫做中央灶台(图3)。在英国都铎时代初期,中央灶台使用十分普遍,一般都与厨房相连,到了都铎末期随着住宅的房间增加和功能的细化,中央灶台的取暖功能就从炉灶中分离出来,对其位置重新确立并使其成为建筑空间内的中心焦点。

到了佐治亚时期,壁炉也开始出现了各式各样的图案与细节,可根据房屋的等级来进行定制,从相对简单的形式发展成日益繁复的风格。无论在客厅、卧室、餐厅或是其他室内空间,华丽的壁炉永远都是空间的视觉中心。

除了取暖和装饰的客观实用功能之外,壁炉也与各种节日有着密切的联系。比如在圣诞节,圣诞老人会从烟囱中出现,把礼物放在袜子里,第二天孩子们会来壁炉前取礼物;在万圣节,人们需要点燃壁炉的火苗并在炉火中放置许多小石头,如果第二天石头被移动,那么意味着主人会在这一年去世。此外,还可以根据壁

炉的火苗预测天气的变化，火苗是天气预报员，壁炉成为连接室内外的一个媒介。[3]

2.1.2 现代壁炉——以精神象征意义为主

20世纪以后由于经济和生产力的迅速发展，人类取暖也有了更高效且先进的设备，空调、地暖的出现使壁炉受到了巨大的挑战，但是壁炉依然存在并没有被其他器物所取代。而在今天，壁炉的烘烤功能、预测天气功能已经不存在，传统壁炉最重要的取暖功能也已经退居次要位置，而且它逐渐成为一种文化以及身份与地位的象征。

不管是传统壁炉还是现代壁炉都能营造一种温暖、自然、浪漫的气氛。在西方，壁炉被称为"Focal Point"或者"Warm Furniture"，可见壁炉在生活中不但给人们提供舒适暖和的空间环境，而且带来一种精神和视觉的双重享受。

2.2 壁炉与建筑演变的关系——壁炉是西方建筑史的缩影

壁炉是最能够代表西方各个时期的建筑风格的一种器物，不同风格特征的建筑会对应相应的壁炉风格，所以了解建筑风格对分析壁炉的发展是十分必要的。壁炉最早出现于古希腊、古罗马建筑中，当时的壁炉也可以说是火塘，只是一个具有简单功能的设施；再到后来中世纪的壁炉从厨房中独立出来，成为建筑空间的中心并且为壁炉预留了排烟的烟道，这说明建筑的结构与形式和壁炉有着密切的关联。

2.2.1 早期萌芽阶段

壁炉的早期萌芽阶段也就是从文艺复兴开始一直到18世纪，主要是指都铎和詹姆斯、巴洛克、美国殖民地、洛可可以及佐治亚时期，每个时期的建筑特征差异导致了壁炉形态特点的不同。如表1可以看出，早期萌芽阶段各时期的壁炉与该时期的建筑风格拥有相似的特征或者元素。

2.2.2 近代发展阶段

壁炉的近代发展阶段是指19世纪上半叶到20世纪初，建筑语言在这近一个世纪的时间里在等待着突破，没有实质性变化，所以折中主义大行其道，把各时期认为好的风格都组合在一起，在壁炉上也得以体现。但是这个时期壁炉开始批量化生产，它成为一个家庭生活中的商品并有了一些可供选择的固定款式。

2.2.3 现代主义阶段

现代主义阶段是指从 20 世纪到今天的发展创新阶段。20 世纪是建筑思潮风起云涌的一个时代，用玻璃、钢铁和混凝土构建的建筑结构，把烦琐的装饰抛弃，建筑符号向越来越简单的方式发展，预示着建筑艺术领域开启了一种新美学。相同地，壁炉也跟随建筑的变迁而变迁，壁炉简化了古典的符号，复杂的材料也由光亮的金属、通透的玻璃所替代，体现出现代主义的功能与简洁的原则。

各时期壁炉与建筑特征　　　　　　　　　　　　　　　　表1

	时期风格	建筑特征		壁炉特征
早期萌芽阶段	都铎和詹姆斯时期 15世纪中叶~17世纪上半叶		温和舒适、模仿中世纪的茅草屋或乡间别墅	形式简洁、没有多余的装饰，一般用石头或砖砌成
	巴洛克时期 17世纪上半叶~18世纪上半叶		外形自由、追求动感、喜好华丽的装饰和雕刻	富丽堂皇及繁复、断裂的山花、精美的线脚、浅浮雕木镶板以及女像柱是巴洛克的主要特征
	美国殖民地时期 17世纪中叶~18世纪后半叶		朴实实用、庄严、建筑正面对称	壁炉普遍有较厚实凸嵌的线框，简洁典雅
	洛可可时期 18世纪		细腻柔媚、甜腻温柔，常用不对称手法，多用弧线和"S"形作装饰	壁炉上大量运用"C"形和"S"形纹饰、贝壳、花草纹样作为装饰
	佐治亚时期 18世纪初~19世纪初		优美对称、追求帕拉第奥的古典比例、窗户六对六标准分割	壁炉受到帕拉第奥的影响，帕拉第奥和新古典的母题在壁炉上运用广泛

续表

	时期风格	建筑特征		壁炉特征
近代发展阶段	维多利亚时期 19世纪上半叶~20世纪初		维多利亚时期在建筑界掀起了一股复古思潮，将古典主义风格混合组合	该时期哥特式风格十分流行，壁炉上的饰架、嵌板、艺术品都是各种风格的组合，构成一个复杂的整体
	工艺美术时期 19世纪后半叶~20世纪初		主张诚实，强调手工艺，反对华而不实的设计，提倡自然主义和东方主义	壁炉的主题来源于自然中间夹杂着对中世纪的回归和对东方文化的向往。美感和精巧的手工艺成为当时人们追求的目标
	折中主义时期 19世纪后半叶~20世纪初		认为古典主义和浪漫主义建筑具有局限性，模仿历史上的各种优秀的建筑，或自由组合	特别推崇文艺复兴风格、哥特式风格等，壁炉没有特定的一种风格
	新艺术时期 19世纪后半叶~20世纪初		倡导自然，强调自然中不存在平面和直线，喜欢用曲线和有机的形态	壁炉材料会用铁，因为铁件便于制作曲线，装饰题材主要是模仿自然界的草木形状
现代主义阶段	现代主义时期 20世纪20年代至今		造型简洁，提倡建筑结构本身的形式美，反对多余装饰，尊重材料的特性	现代主义壁炉形式简洁，没有多余的装饰细节，壁炉简化成简单的长方形开口，炉床一般也没有特别的装饰
	后现代主义时期 20世纪中后期至今		反对简单化与模式化，采用隐喻和象征的手法，尊重现有环境	后现代时期壁炉形式多样，从古典到现代以及对古典主义的再创新，从中找到和过去的联系，取得新的发展
	高技派风格 20世纪后半叶至今		提倡技术美和机器美学，强调工艺技术与时代感	高技派壁炉体现出现代性与技术美，简洁的线条、玻璃或不锈钢外壳，反映最新的科技成果

2.3 壁炉的演变对人们生活方式的影响

科技的进步和人们思想观念的改变带给人类生活方式的变化一样地体现在壁炉的发展演变上。壁炉的发展演变可以直接反映出各个时代和社会各阶层的人们在壁炉旁边的工作、聊天、思考等场景，构成了"围炉而聚"的经典场面，以壁炉为背景的家庭成员的聚会和家庭礼仪活动都使壁炉有着重要的象征人文的意义。

各种各样的壁炉传递着不同时期的社会背景与人们的生活方式。早期的壁炉作为厨房中的一个重要设施，人们围绕着壁炉主要是为了烘烤食物，这个时期的火只是单纯地从实用角度出发，并没有特殊的象征意义。在壁炉周围挂满了各种功能配件，比如：烤架、风夹、锅子、火钩等（图4）。此时期的壁炉有着烘烤和取暖的双重功能，这是因为当时住宅的功能还没有具体细化。

到后来文艺复兴时期，由于建筑的发展，住宅房间的增多，功能明确划分，壁炉自然地从厨房空间中解放出来成为人们社交、玩耍、思考的精神庇护所，围绕着壁炉摆放家具和艺术品，钟、瓷器、烛台则放置在壁炉架上，这与中世纪壁

坩埚　　　　　起动锅　　　　　柴架　　　　　风夹

双锅挂架　　　　壁炉周围挂着各种工具　　　　活动烤架

图4 壁炉的功能配件（图片来源：王绪远．壁炉——浓缩世界室内装饰史的艺术．上海：上海文化出版社，2006:85）

图5 文艺复兴时期壁炉成为空间视觉中心，围绕着壁炉摆放家具和艺术品（图片来源：周伟．壁炉设计．南京：江苏凤凰科学技术出版社，2015:101+ 自绘）

（a）19 世纪法国的上流社会的人们在壁　（b）西方皇室政要在壁炉前接待　（c）《梳妆》反映出欧洲贵族夫人在壁
　　　炉举办沙龙的场景　　　　　　　　　　　国际贵宾的场景　　　　　　　　　炉前梳妆打扮的生活场景

图6 西方壁炉作为装饰部件的室内空间（图片来源：王绪远．壁炉——浓缩世界室内装饰史的艺术．上海 上海文化出版社，2006:15 页 / 周伟．壁炉设计．南京：江苏凤凰科学技术出版社，2015:16-17）

炉周围挂满了厨房器具产生了巨大的差异。（图5、图6）

　　在 17 世纪的英国，坐在壁炉前阅读小说和朗诵戏剧台词成为了一种新风尚。在小说《呼啸山庄》中"壁炉"出现的次数高达 36 次之多，比如："林顿坐在扶手椅里，而我们坐在壁炉前的摇椅里，有说有笑，十分开心，发现我们有说不完的话。"④可见，人们总喜欢围炉而聚，所以壁炉成为了家庭成员团聚和接待客人的地方。壁炉一直被认为是："好事自然来的地方"，我们可以看到西方元首、政要接待贵宾、朋友总会选择在温暖的壁炉前。

　　到了今天现代壁炉只是换了形式，换了外貌，人们依旧喜欢围炉而聚感受壁炉的温暖，因为壁炉意味着美好，意味着家庭（图7）。一些现代壁炉已不再具有散热的作用，但是依然保留着燃烧跳跃的火苗，可见，人们对火的依念是不会改变的，壁炉已经变成一种情感的象征。

图7 不管是古典还是现代风格、公共空间还是私人空间，壁炉依旧是人们的钟爱之地，人们喜欢围炉而聚，感受壁炉带来的温暖（图片来源：Gitlin, Jane.Fire Places: A Practical Design Guide to Fireplaces and Stoves Indoors and Out.Taunton Press，2006:188/ 周伟.壁炉设计.南京：江苏凤凰科学技术出版社，2015:193,21,98）

第3章 壁炉与现代空间的关系

建筑与社会的变迁、技术与材料的发展，在壁炉这个器物上面表现得非常明显。为了适应新时代的建筑结构，壁炉在形式上已经发生了巨大的变革，现代壁炉除了保留取暖和观火的内在意义，更多地为人们提供一个情感和形式的诉求，并与新的建筑空间形式完美地结合在一起。

3.1 壁炉与现代空间的适应关系

壁炉是来自西方的器物，传统的真火壁炉需要有建筑结构的支持，西方的独立住宅一般都会配有烟囱和炉膛。而中国建筑形式一般都是砖木结构，不适合大面积开敞的有明火的壁炉。随着19世纪通商口岸的不断扩大，日益频繁的经济交流，一些西方建筑的样式也渐渐地进入了中国，这些建筑专门设置烟囱以方便壁炉的安装。比如说在上海外滩的万国建筑群，就是西方建筑引入中国的一个很好的例证，在这些建筑里都有不少这个特别的室内空间构件——壁炉。

而现代的建筑不管在东方还是在西方建筑结构都大体一致，现代建筑尤其是高层建筑与原来的独栋住宅和自建房屋有所不同，现代建筑的管井都统一解决，如果使用真火壁炉，烟道排烟必

(a)燃气壁炉　　(b)后现代不规则壁炉　(c)可移动壁炉

图8不同类型的壁炉（图片来源（a）周伟.壁炉设计南京.江苏凤凰科学技术出版社，2015:134（b）王绪远.壁炉——浓缩世界室内装饰史的艺术.上海：上海文化出版社，2006:67（c）http://www.fjjj.net/cases/read/761.html）

图9现代智能酒精壁炉

（图片来源：周伟.壁炉设计.南京：江苏凤凰科学技术出版社，2015:175）

定是一个难题。除此之外，随着科技的进步发展，新的燃料和燃烧方式的出现，传统真火壁炉的问题也凸显出来，它燃烧的材料会带来一些烟雾及粉尘，而且燃料消耗大，热损失多，还存在一定的安全隐患，所以壁炉在新科技的推动下，迎合现代建筑的结构出现了千姿百态的形式（图8、图9）。

传统的真火壁炉属于开放式燃烧，需要有烟囱排烟，现代建筑设置烟道比较复杂，人们又喜爱坐在壁炉旁看着火焰燃烧带来的视觉和精神上的享受，所以创造出电壁炉和生物酒精壁炉，不需要排烟排风，通过视觉化和科技的手段来模仿壁炉的形式与火焰燃烧的效果，同样地营造出亲切温馨的空间氛围。

3.2 壁炉与现代空间的结构关系——壁炉是改变空间结构的艺术装置

3.2.1 壁炉在空间的中心焦点

无论是精美绝伦的古典壁炉，还是令人惊叹的现代壁炉，它一定是空间的中心焦点，还能强化空间的个性与文化，当它点燃可将它的气息传递给每一个人。20世纪伟大的建筑师赖特打破了传统壁炉的对称性，并研究确立了壁炉在现代住宅中对空间有着重要的意义。他说："好的住宅设计，

(a) 壁炉是客厅空间的视觉焦点

(b) 赖特所设计的住宅，壁炉总处于空间的核心

图10 壁炉作为空间焦点的设计

(图片来源：(a) 周伟.壁炉设计南京：江苏凤凰科学技术出版社，2015:252 (b) 周伟.壁炉设计南京：江苏凤凰科学技术出版社，2015:127)

不仅要合理安排起居室、卧室、餐厨、浴厕、书房和室外，使之便利于日常生活，最重要的是增加家庭的凝聚力，而壁炉应置于最核心的位置，使它成为必不可少又十分自然的场所。"[5]有人统计赖特本人的三处住所一共有44个壁炉，几乎布满了所有空间，可见赖特对壁炉的喜爱。相对于其他的取暖方式，壁炉在空间中能够带来的不仅仅是在冬日里的温暖，人们四季都围绕着它展开生活，围绕着它布置家具与饰品，无论是公共空间还是私人空间，壁炉永远都是空间的焦点，壁炉就是家（图10）。

3.2.2 壁炉是空间构成的关键

一个好的空间，它的形式感、对称与平衡、点线面的关系都需要设计推敲。壁炉在空间中也可以用点、线、面的构成关系来分析。点可以增强或弱化空间造型的效果，如果我们把壁炉造型夸大或强化装饰，它就会成为空间构成的视觉焦点。线能增强空间的动感和韵律，对于空间里突出的构件体现更为明显，在壁炉的外饰面的构成上强调线条可以使壁炉显得更稳固，如果壁炉结合墙面脚线或搁架可以延伸线的感觉，使空间显得流畅。我们可以通过壁炉的烟囱竖向线条强调空间的高度，还可以通过壁炉墙面的长条横向挂画等方式改变窄而高的空间。面的运用对空间而言也十分重要，有的时候把壁炉和配套的物件或整墙立面作为一个整体面来处理可以加强空间的统一性（图11、图12）。

壁炉也是空间对称与平衡非常重要的因素之一。新古典时期的建筑师们认为

图11（a）左侧图壁炉上方的竖向线条在这一个高挑的空间中是很醒目的；(b) 右侧图壁炉和墙面壁柜连接成一个面，使空间整齐统一（图片来源：王绪远.壁炉——浓缩世界室内装饰史的艺术.上海：上海文化出版社，2006:149,158）

图12 壁炉的外框横向延伸变成一个长形柜子使空间构成有一种水平向的强调（图片来源：王绪远.壁炉——浓缩世界室内装饰史的艺术.上海：上海文化出版社，2006:149）

(a) 壁炉是空间的对称和平衡中心

(b) 黑色壁炉与黑色电视机形成了非对称的平衡关系

图13 壁炉的对称、平衡关系
（图片来源：周伟. 壁炉设计. 南京：江苏凤凰科学技术出版社, 2015:228）

图14 这两张图中的壁炉有着分隔空间的作用，使两个空间都能享受温暖（图片来源：王绪远. 壁炉——浓缩世界室内装饰史的艺术. 上海：上海文化出版社, 2006:241,298）

图15 以壁炉为视觉焦点的远、中、近三层空间
（图片来源：王绪远. 壁炉——浓缩世界室内装饰史的艺术. 上海：上海文化出版社, 2006:147）

选取一个合适的壁炉是使房间对称和平衡的关键。在现代空间中，壁炉有时会追求一种非对称，但不管是对称还是非对称空间平衡是一定的，不仅仅光是指造型和布局对称，也包括肌理、颜色、材质等（图13、图14）。

除此之外，空间的分隔也可以利用壁炉进行解决，在现代空间中，壁炉常常放在空间的中央形成隔断，自然地把空间划分出来，同时两侧空间可以同时感受壁炉的温暖。

3.2.3 壁炉与空间尺度的关系

壁炉的选择除了要结合室内设计的风格之外，同时也要考虑房间的空间形态和空间尺度比例关系。壁炉的大小不能单看某立面关系，应该从整体空间出发，根据空间宽窄、高低以及布局来决定。以壁炉为视觉焦点可分为近、中、远三层空间，远景主要从大空间来考虑壁炉的位置和作用；中景需要选取壁炉的风格，考虑壁炉与家具、灯具、地毯之间的关系；而近景就是壁炉本身的细节和临近的陈设搭配[6]（图15）。

3.3 壁炉与现代空间的情感关系——壁炉是空间艺术的完美载体

3.3.1 壁炉是空间情感的载体

空间设计中最重要也是最难的是营造一种"感性"空间，也许就是一幅挂画、一件家具、一盆绿植，就能使空间活了起来。荷兰设计师 Jan Des Bouvrie 有一句话非常有名，"把房子变成家！"[7]他把房子变成家的秘诀就是在空间中使用壁炉，当人们坐在壁炉旁看着跳动的火苗，可以感受到真实的和隐喻的温暖。正如欧洲有句谚语："有房子无壁炉，就等于有躯壳而无灵魂。"的确，当人们谈起壁炉总是感觉到温暖而又感性。 现代壁炉出现在各种各样空间中，在住宅、餐厅、酒店等处都有着壁炉的温暖火光，壁炉的神奇之处在于将人们的陌生感在火光中渐渐地消除。而在住宅空间中，壁炉更是一代又一代传承下来，成为爱和情感的象征，让我们时刻地保持归家的感觉。

3.3.2 壁炉是有生命的艺术品

壁炉作为一个"活"的室内构件，它是一个有生命的艺术品。许多空间的构

图 16 壁炉在被点燃之时就被赋予了生命（图片来源：周伟. 壁炉设计. 南京：江苏凤凰科学技术出版社，2015：124）

件都是静止的、不动的，唯有壁炉能展现出"生命"的魅力。壁炉除了有强大的装饰艺术性，还有它的火焰能把活力弥漫到整个空间，这也是与其他采暖方式最大的不同。现代壁炉突破了我们的想象，五花八门的造型令人叹为观止。现代壁炉是空间中最闪耀的雕塑，是一件"活"/"火"的艺术品。当壁炉之火被点燃之时，这件艺术品瞬间就被赋予了生命（图 16）。

第 4 章　壁炉在现代空间中的应用

"壁炉就是现代生活的圣坛，无论是公共还是私人空间，就像它存在于我们的家庭，它是房间的焦点和中心位置，围绕着它，我们可以得到真实和隐喻的温暖，没有壁炉的家是不完整的。"⑧——艾莉克莎·汉普

4.1 功能性应用，营造温暖空间

壁炉能营造出温和舒适、优雅浪漫、宁静惬意等美好又温暖的空间环境。当人们围坐在壁炉旁聊天、品咖啡、听音乐，一缕温暖的火光可以增加空间的温度，使人们感受舒适、温馨。现代壁炉主要有两大基本功能：采暖与装饰功能。

4.1.1 采暖功能——温暖空间

当点燃壁炉看到火焰燃烧的那个瞬间就能感受到它的活力与温暖，壁炉有着巨大的灵活性和适应性，不管是住宅空间还是经营性的商业空间，都可以根据具体的需求应用于各个空间。现代壁炉的科技十分发达，封闭式燃气壁炉烟囱直径只需要大于 150 毫米便能保证排烟排气，体积更小的火炉的烟囱更是只要直径大于 125 毫

（a）相似色　壁炉与墙面涂料、家具的色彩都是同一色系，空间和谐柔和

（b）对比色　餐厅中的壁炉与墙面、桌椅、饰品的颜色形成对比，使空间具有视觉冲击力

（c）壁炉的边框与单椅的边框有呼应关系，金色边框又与墙面涂料的肌理形成一种对比

图17 不同色调的壁炉（图片来源：王绪远. 壁炉——浓缩世界室内装饰史的艺术. 上海，上海文化出版社，2006:174-175）

米即可，而且燃烧效率高。而且现在的很多壁炉都有智能安全的保护系统，一旦有排烟排气不通畅的情况，壁炉会自动停止工作，所以只要遵守技术规范，安全是可以保证的。如果没有条件安装燃木或燃气壁炉，生物酒精、电壁炉也同样地可以使人们感受到温暖，不用考虑烟道问题，非常便利，易实施。

4.1.2 视觉功能——装饰美化空间

现代壁炉的传统取暖功能逐渐弱化，在现代空间中它成为空间的视觉焦点，能很好地反映室内空间风格特色和业主的品位。在不同的风格和主题空间中要根据空间特征来选取相应的壁炉。比如在正式的场所空间，我们应该选取华贵、庄重的古典壁炉；在休闲风格的度假空间里，应该使用柔和的自然材质壁炉；在现代主义的空间里，放置一个不锈钢配玻璃酷酷的壁炉也许是一个最好的搭配（图17）。

壁炉的色彩要与空间的色彩一起统筹考虑，壁炉的色彩不是孤立的，壁炉色彩应要考虑处于空间的具体位置、面积以及材质光泽效果等方面。如果在空间中要突出壁炉可用对比色的方法将壁炉的颜色与周围环境的颜色区别开来，或者用不同的材质肌理来呈现不同的视觉效果。对比色和临近色在空间中的应用就是通过壁炉的颜色与周围环境的颜色处于同一个色系或为临近色来实现，这样即使材质与装饰元素多样化，但整个空间还是呈现统一的基调。

立墙式壁炉与墙面、搁板上的陈设搭配十分关键，壁炉与周围环境都是相互依托关系。壁炉搁板摆上一些鲜花和相片、具有特殊意义的收藏品等能为空间增加感情。

4.2 传承精神文化，渲染空间意境

在现代空间中壁炉的取暖功能逐渐弱化，已不是家庭中唯一取暖的设施，人类取暖也有了更高效的方式：空调、地暖、暖气片采暖等，传统的取暖设施——壁炉，它受到了强大的挑战，但是壁炉并没有消失，而在当今的时代壁炉更多的是一种情感的象征和人们精神的需求。不管是住宅空间还是经营性的公共空间，壁炉都是一个很好的空间情感载体。

图18 将壁炉与电视机巧妙处理在同一墙面，壁炉为客厅空间增添情感与温暖（图片来源：周伟.壁炉设计.南京：江苏凤凰科学技术出版社，2015:181/235）

4.2.1 住宅空间

客厅是家庭活动和聚会的中心，壁炉应用于空间中则为家庭日常团聚提供了一个理想的聚集点，不管是喧闹嬉戏还是安静阅读都是如此。在中国，人们喜欢把客厅布置成以电视为中心的家庭休闲模式，而在西方许多的客厅中并不安放电视机，则更需要一个壁炉，其实壁炉与电视并不冲突，能够巧妙结合起来。人们可以边看着电视边围坐在壁炉旁聊天、品咖啡，一缕温暖的火光可以增加空间的温度，使人们感受舒适温馨（图18）。

在餐厅中应用壁炉不仅可以使客人和家人在就餐过程中感受温暖，在壁炉所带来的和谐气氛下使客人和主人不自觉地展开话题，会使一顿美味的家宴更加轻松愉快（图19）。

4.2.2 公共空间

在餐厅、咖啡厅、酒店、办公室到处都能看到壁炉的身影，壁炉烘托了公共空间环境的气氛，使空间充满浓浓的暖意，带来一种温暖和团聚的气氛。特别是在餐饮空间中，人们对壁炉的喜爱是显而易见的，餐饮空间需要营造一种温馨的就餐环境，这与壁炉的气质一致。我们可以想象户外寒风萧瑟，如果能坐在设于温暖壁炉的餐厅里享用一顿丰盛的美食，和跳动的火焰一起共进晚餐，这是多么美好（图20）。

图19 壁炉的温暖和餐桌上的花瓶、餐具烘托出一种温馨美好的气氛（图片来源：周伟.壁炉设计.南京：江苏凤凰科学技术出版社，2015:117/http://home.fang.com/album/p20279673_3_203_11/）

图20 餐饮空间中的壁炉会带给人们一种舒适浪漫的进餐环境（图片来源：王绪远.壁炉——浓缩世界室内装饰史的艺术.上海：上海文化出版社，2006,116-117）

4.2.3 户外空间

或许之前的庭院、天井、阳光房备受冷落，一旦安置户外壁炉后整个气氛都不同了，成为一个自然开放的起居室，是家庭休闲、用餐、娱乐的理想空间。户外的壁炉和室内的壁炉相比尺度更大，没有室内壁炉的细腻柔美。户外壁炉的最佳安置点在你和你的朋友经常停留的休憩空间并与室内空间有一定联系的地方，这样在室外与室内都能享受壁炉带来的温暖（图21）。

4.3 艺术创意性应用，创新造型符号

4.3.1 拓展多维度空间体验

在新科技、新材料的推动下，壁炉体现着技术之美，各种形式的壁炉也渐渐出现，在现代空间里放置不同造型与维度的壁炉会营造不同的空间效果。传统的真火壁炉在空间中属于依墙而立的一个三维物体，由于现代装饰性的壁炉也不需要复杂的工艺和配置烟道，所以完全可以打破传统壁炉固定在一面墙的模式，像家具一样可以随心地放在想要放的位置上，甚至有可以移动的壁炉。拓展壁炉的多维度体验可以使壁炉从一个三维的物体向二维的平面转换，用平面化的方式把壁炉的精神意境表达出来；甚至我们在一些主题空间或展示区可以利用光或影像呈现虚拟的多维度壁炉。不管壁炉的形式怎样发生变化，人们对火的依恋会使壁炉这种"取火"的方式得已延续（图22~图24）。

4.3.2 拓展艺术创意性

现代壁炉的类型越来越多元化，在当今的艺术思维下壁炉有了更多新奇的表现形式，从造型上来说不再是规则的长方体，创造出了仿生的、球形的、与家具一体的各式各样的创意壁炉，它成为活跃空间氛围的一个器物。从功能上来说，壁炉从传统的取暖功能逐渐转变为装饰空间的作用和情感精神的象征作用，作为装饰性的壁炉可以延伸更多可能性，比如照明作用、储物作用，或是一个桌面上的小摆件壁炉等。从艺术性来说，壁炉本身在空间中就是一个艺术装置，它可作为当代艺术的题材出现在雕塑或创作中，同样地能发挥它的温暖以及视觉作用和精神价值（图25~图28）。

图21 在寒冷的冬季，户外壁炉能使人们的身体和心灵都感受到温暖（图片来源：http://img.zhongsou.com/i/86/172422.html；http://m.shejiben.com/works/1608862.html）

图22 可移动的壁炉（图片来源：http://www.quanjing.com/share/37501233_h.html http://www.haha365.com/gxtp/535339.htm）

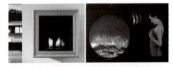

图23 二维平面化壁炉
（图片来源：http://m.biud.com.cn/news-view-id-290341.html；http://fang.com/Album/PictureDetail_38447230_115921297.htm）

图24 现代立式壁炉
(图片来源：周伟.壁炉设计.南京：江苏凤凰科学技术出版社,2015:151;http://fang.com/Album/PictureDetail_38447230_826853_115921297.htm)

图25 创意仿生壁炉（图片来源：http://www.360doc.com/content/16/0301/19/8546441_538618814.shtml）

（a）壁炉没装壁炉芯可储物　（b）壁炉小摆件1　（c）壁炉小摆件2

图26 壁炉创意使用（图片来源:(a)http://www.80018.com,(b)http://www.duwenxue.com,(c)http://www.chunbao1998.com）

图27 壁炉与家具结合设计1
（图片来源：http://wo.poco.cn/6248173/post/id/1071977）

图28 壁炉与家具结合设计2
（图片来源：http://info.gift.bc360.com）

第 5 章　结论与展望

作为西方国家的一种传统的生活设施，在经历了 20 世纪建筑一系列的重大变革后壁炉并没有消失，而在新的时代它逐渐成为品位的象征和情感的寄托。本文从该器物的历史文化、功能演变、与人们生活方式的演变、与建筑的演变以及与空间关系等多方面进行综述，形成如下结论：

（1）壁炉是典型的中西方交流后引进过来的器物，是中西方文明交流的一种体现。同时，壁炉也是一种文化，文化是可以跨越国界而广泛地被人们所接受和认同的。

（2）现代的壁炉早已超越了最初的取暖和烘烤功能，转换成一种视觉功能和一种情感符号。

（3）壁炉的发展演变折射出各个时期的社会发展状态以及人们生活的方式，不同时代、不同文化背景下的人们都有对壁炉的需求。

（4）壁炉能够满足不同的空间需求，壁炉可以适应各种空间来创新创造，而且现代壁炉从墙体嵌入式中解放出来，独立式、可移动式以及与家具一体式壁炉也渐渐地出现。

壁炉与其他的取暖设备不同，它是一种"看得见的温暖"，看着跳动的火苗让人们感受到温馨。在一些根本不需要采暖的地区，我们发现也有壁炉的身影，因为壁炉在现代空间中更多的是一种爱、情感、品位的象征。由于国内在供暖方式上将会逐步减少，所以近几年壁炉在国内发展迅速，成为人们日益关注的话题。现在随着国内民众的文化生活水平和物质需求的提高，国人也越来越接受和喜爱壁炉，市场对壁炉的需求也在增加，将来壁炉在中国市场的普遍应用必然带给民众一种全新的居家生活方式，也为中国家庭带来更舒适环保的取暖方式。

注释

①王绪远.壁炉——浓缩世界室内装饰史的艺术.上海：上海文化出版社，2006：12.
②王绪远.壁炉——浓缩世界室内装饰史的艺术.上海：上海文化出版社，2006：27.
③王绪远.壁炉——浓缩世界室内装饰史的艺术.上海：上海文化出版社，2006：15–16.
④周伟.壁炉设计.南京：江苏凤凰科学技术出版社，2015：16.
⑤周伟.壁炉设计.南京：江苏凤凰科学技术出版社，2015：127.
⑥王绪远.壁炉——浓缩世界室内装饰史的艺术.上海：上海文化出版社，2006：147.
⑦周伟.壁炉设计.南京：江苏凤凰科学技术出版社，2015：224.
⑧周伟.壁炉设计.南京：江苏凤凰科学技术出版社，2015：282.

参考文献

[1] 王绪远.壁炉——浓缩世界室内装饰史的艺术.上海：上海文化出版社，2006
[2] 史蒂芬·科罗维.世界建筑细部风格.刘希明，吴先迪译.香港：中国国际文化，2006.
[3] 周伟.壁炉设计.南京：江苏：凤凰科学技术出版社，2015.
[4] 美好家园.壁炉设计与装饰.毕京津译.北京：中国轻工业出版社，2011.
[5] Gitlin, Jane.Fire Places：A Practical Design Guide to Fireplaces and Stoves Indoors and Out.Taunton Press，2006.
[6] DOLORES A. LITTES.FIREPLACES AND WOOD STOVES. TIME –LIFE BOOKS，1981.
[7] HARVARD GRADUATE SCHOOL OF DESIGN.Elements. Rem Koolhaas，2014.
[8] 钱惠.壁炉在中国室内中的装饰艺术研究[D].中南林业科技大学，2012.
[9] 王鲁民，陈琛.香烛与壁炉——从火的使用看中西传统住宅的不同[J].新建筑，2004.
[10] 范思.英式壁炉印象[J].室内设计，2004.
[11] 晏辉.壁炉加工技术[J].石材，2010.

行
环境设计学科研究生校企联合培养的探索与实践 第二季

Walking
Exploration and Practice of the School and Enterprise Joint Training of Environmental Design Graduate　Second Season

「新东方主义」在现代酒店设计中的探索

The Exploration of "New Orientalism" in the Design of Modern Hotel / Wang Kang

◎ 王康

「创新不是可以简单地理解为与其他同类型设计不同的设计形式」

姓名：王康
所在院校：四川美术学院
学位类别：专业硕士
学科：设计学
研究方向：环境设计
年级：2014 级
学号：2014120044
校外导师：杨邦胜
校内导师：沈渝德
进站时间：2015 年 9 月
研究课题：新东方主义

摘要：

从新东方主义的起源出发，来探索新东方主义的特点，进而更深刻地认识新东方主义在我国设计界的发展状况。改革开放后，随着我国经济实力的飞速增长，生产力的突飞猛进以及城市建设的不断发展，为国内的众多设计人才提供了大量实践和学习的机会，国内一些知名的设计师也逐渐在国际舞台崭露头角。与此同时，我国的当代设计也出现了各种各样的问题，很多拥有远见的设计师开始注意到我国的现代设计处在了一个瓶颈期。伴随着设计文脉的觉醒和对中国古代文化乃至东方文化的不断探寻，结合西方设计思想，"新东方主义"成为了很多设计师寻求设计突破的途径。本着设计师的责任与文化的传承同时向国际社会展现东方文化和中国文化的独特魅力，本文将从"新东方主义"在现代设计中的探索出发，针对性地分析和总结出身为设计师应该如何担当起传承东方文化并吸纳西方艺术，创造出属于我们自己的新东方主义的责任，并结合毕业创作中自己在实验性课题中的具体操作来论证。

引言

"新东方主义"来源于古典深厚的东方文化，它拥有海纳百川的包容力和永不枯竭的发展动力；它尊重和发扬东方的古典艺术，同时又兼容并蓄地吸收外来文化；而且它可以与传统的、地方性的艺术以及西方的古代艺术和西方现代的艺术融为一体而平行发展；它为艺术家们打开了不断创新和发展的一扇窗；它将成为中国当代艺术设计从吸收外来文化到输出具有地区代表性文化特征转变的重要源泉。结合"新东方主义"设计思想，将东方的文化传统和西方的现代设计精神引到整个设计的过程，这将是寻求中国当代设计突破点的钥匙。

"新东方主义"并不是对东方古典文化的机械照搬，而是建立在对传统文化充分探索的基础上，再把当代的设计和传统的设计充分结合在一起，用现代人的审美需求结合传统的设计形式设计出符合现代人需求的作品，让传统艺术以结合现代设计的方式得以继续传承下去。它遵循着探索、接受、吸收、创新到再创造的一个完整的过程。

关键词

吸收　兼容并蓄　创新　东方美　文脉　神　形　意向　诗意

第 1 章　当代中国设计浅析

改革开放以来，曾经流行过在中国的设计界大规模的模仿西方的景观和室内设计，在西方文化占主导的国际设计大环境的背景下，西方设计流派的思想深刻影响到了东方各国的工业设计、室内设计、景观设计等设计行业。步入 21 世纪以后，随着经济的不断发展，国人对于工业、室内和景观等行业的审美需求不断提高，设计要求也越来越高，各大设计行业呈现丰富多彩的发展趋势。现代设计也开始朝着简约的设计风格发生着转变。同时设计行业也更加关注居民生活的舒适性和便捷性，设计不再简单的停留在工艺的精巧和材料的奢华而更关注与人的互动与体验。随着本国文化的崛起和国人对于设计体验感要求的不断提升，各行各业的设计师开始认识到设计一件成功的作品，不仅要形式优美，还要实用。创造出亲近自然、舒适宜人的室内外空间和使用物品，是各大设计行业的根本趋势。

1.1 酒店设计的现状与前景

"酒店设计"行业作为新兴的设计行业，近年来在国内很流行。"酒店设计"不仅仅是设计一个为人们旅行度假、商务办公而临时居住的公共场所那么简单，具体到酒店大堂、大堂吧、全日制餐厅、健身房、客房、卫生间、酒店花园等一系列配套设施。酒店设计越来越朝着标准化、国际化、现代化、科技化的方向发展，这是社会经济大力发展的必然结果，是人们越来越重视自己生活质量的突出体现。一个设计成功的酒店，不仅能给人们带来美好的居住体验，更能成为一个城市的名片，成为一个人们向往居住体验的地方。

纵观现阶段的酒店设计，感觉行业规则还有待规范，很多酒店设计公司不能真正抓住设计的方向，体现酒店当地的文化，模仿和跟风现象明显，不能积极转化设计思想，形成自己的设计文脉，无法积极投身到探索本国文化中去，保护和延续属于自己的设计文脉。这往往会走入设计误区，最终"为了设计而设计"。

1.2 酒店设计的误区

1.2.1 行业缺乏规范

设计行业有很多不规范的地方反映在教育、设计产业链及市场管理等几个方面。

(1) 设计文脉的传承

经过市场调查发现，由于西方文化的涌入和一些业主自己的偏好，往往设计出来的酒店一味强调设计的烦琐与奢华而忽略了设计的酒店有没有符合当地的人文环境，丢失了设计文脉，而很难成为一个来到这个城市或景区中的人们所向往的居住空间，失去了这个酒店作为展现当地文化、传承文脉的功能，最终的结局可能会被人们所诟病，而沦为一个简单的酒店并且无法逃脱被推翻、拆除重新设计的命运。

(2) 设计教育的合理

现在的高校设计教学当中，鲜有酒店设计专业，而大多与酒店设计沾边的设计专业往往被归类为室内设计和展示设计，还有餐饮空间设计和风景园林等。从酒店设计所要触及的设计专业来探索，应当是以上几种在校开设的设计专业各方面的结合。它应该在高校当中开设相应系统的课程，而且要与国际规范的教育模式相承，与此同时要通过法律来进行立法规范，最终实现行业规范化的管理。

(3) 市场管理规范

酒店设计因为其综合性和特殊性，需要多方面的要求，对于安全性等要求很高（如消防等），具有很强的设计感和很高的设计要求；并且由于我国经济本身存在很多不健全的地方，一些中小设计公司招标压低设计费用更是损害了一些知名设计公司利益，这样的形势下如何保证设计质量，如何让酒店设计行业良性发展？

1.2.2 设计盲目追求"品位"

对于设计"品位"的追求，是每一个酒店设计师应该追寻的设计理念。但人们对于"品位"的理解上往往出现误区，"品位"总是被误认为或被理解为气派而又宏大的场景再加上施工用料的豪华讲究，这意味着业主方需要大量的财力投入。这里面有两个问题：一是如此浩大的资金投入能否达到所要实现的设计效果？二是该酒店的文化能否达到所谓的"品位"？因此一味地追求"品位"而忽视了酒店设计本身要具备的社会文化价值，不必要的铺装浪费追求豪华而忽视了"设计是设计一种生活"，浪费了业主资金也是不人性的表现。

1.2.3 酒店设计要加强对顾客的人文关怀

在用户体验上酒店设计师们需要有相当的重视。当我们在参与一个酒店的设计时，我们往往一开始把很多的精力放在研究表现手法、设计风格、施工工艺等问题，往往把酒店施工完成后的最终效果作为设计在追求上的最终目标，而忽略了酒店实际的使用功能与设计形式的结合，并更多的津津乐道它形式上的美。并且有时候过分发掘当地文化和追求对于当地元素的提取也会误入歧途。在我所参与的设计——神农架皇冠假日酒店的设计过程中就走入了这样一个误区，走了一些弯路，神农架皇冠假日是神农架景区将要运营的第一个真正意义上的五星级酒店，酒店以打造养生度假型酒店为主题。将神农架的自然、艺术、生态、养生、禅意融入酒店设计之中，通过现代的酒店设计手法，结合神农架当地的文化特色，表现出谷养、归趣的情怀。

可是在初步的设计定位和文化发掘中，酒店文化的把握上太过于偏重土家族和苗族的文化风格，而并没有考虑到业主们会不会接受这种文化的提炼。由于神农架及其周边为苗族、土家族聚居地，因此对于文化的提炼很自然地想到了少数民族的元素，最后由于业主方提出，对于少数民族的文化提取我们可以点到为止，而更多地使用一些现代的元素，结合现代科技的运用，打造一个舒适、安全、高效、具有国际品位，名至实归的皇冠假日酒店。

在这里，我想提出以下值得注意的几点：

(1) 设计之前，设计师应该模拟推敲作为入驻客人的生理感受和心理感受。

(2) 当地文化中哪些是真正适合这个设计项目的，文化的提取要选取代表性的文化元素，在设计中加以抽象提炼升华，不宜照搬，并且应与业主方充分沟通交流意见和建议。

(3) 业主方的资金投入充裕与否，业主想打造什么样的风格，业主需要怎样的风格也是我们所需要为其考虑和与其沟通好的。

1.2.4 模仿之风盛行

我们中的不少人重"榜样"不重创新。创新往往得不到应有的重视。酒店设计是一门高度综合并且需要各种行业相互配合协调的综合专业。一个成功的酒店设计应当是一件优美的艺术品而值得人们去欣赏。同所有其他的艺术形式一样，创新是酒店设计可持续发展的源泉，模仿和照搬照抄将导致新兴的酒店设计行业缺乏设计的活力和设计的独特性。

创新不是可以简单地理解为"与其他同类型设计不同的设计形式"。每一个独特的酒店设计都具有其独特的设计文脉和代表当地文化的基因。不同的自然环境、不同功能的要求、酒店设计师本人的设计经验和创造力等因素也将影响到整个酒店设计的与众不同。在设计之前深入调查解了当地的城市文化和景区文化从中寻找独特与纯真的灵感，对这些灵感元素进行发掘与提炼并最终归纳为可用的设计元素在应用到项目中，这就是创新。这种创新体现在酒店设计的方方面面。

值得庆幸的是现在越来越多的酒店设计师和知名酒店设计公司已经注意到这一点了，他们已经认识到唯有植根于传统文化之中，不断发掘东方文化，并结合现代西方设计和科技，兼容并蓄、海纳百川、推陈出新，探索新东方主义在现代酒店设计中的运用，才是当代酒店设计值得探索的道路。

1.2.5 设计与施工脱节

一个优秀的酒店设计的方案要想达到预期的设计效果，一定是设计师本人与施人员紧密的配合沟通之后完成的。如果没有酒店设计的"驻场设计师"的现场指导和严格把关，是很难达到预期的创作效果的。而且由于一些复杂的施工工艺很难在图纸上明确呈现，现场施工就会出现很多问题。如果可以置身于施工现场，酒店设计师就可以更加直观地表达自己的设计要求，能够积极投身施工现场是一个优秀的职业酒店设计师的基本素质之一。可是，不少酒店设计师并不乐于去工地现场勘查，如果缺乏实践的精神，不能亲临现场指导施工，并把理论付诸实践，再从实践上思考更多设计的可能，自己的设计水平就很难进步，而且施工的效果也很难到达预期。

第 2 章 "新东方主义"与我们的传统

2.1 何谓"新东方主义"

如果需要探索什么是"新东方主义"我们首先必须了解什么是"东方主义"。"东方主义"的原意是指西方学者对于东方的风土人情、社会结构及社会行为习惯的研究而总结出的与西方文化的差异之处并得出的结论。在当今的社会，西方国家是世界上最强大的文化与经济体，他们的文化不但可以影响到其他国家人民的思想，甚至可以重新定义别人的文化，而东方的文化就是第一次被他们的学者在国际官方上定义，这就是"东方主义"的来源。所以，所谓"东方主义"乃是西方国家以他们自己对于东方文化的理解，用西方的语言和思维模式来思考东方，看待东方。而很多东方国家自身由于一段时间经济水平与国际发达国家存在差距，因此在国际社会却没有实际主导的话语权，东方文化在这种以西方为主导话语权的国际社会中是很容易被简单地理解而且也很容易被误解。

20世纪末期，越来越多东方国家的经济水平得到了很大的提升，自身文化的自尊和自信心也开始迅速树立，对于自身文化的价值开始浮现在人们心中，而西方国家在世界多极化发展的过程中，对于世界其他国家的影响和控制也越来越淡化。新兴的发展中国家开始探寻他们自身的文化。这是一个快速发展的时期，整个泛东方国家都在经历一个从西方化回归到东方化的返璞归真的运动中。由于西方文化在世界各国的快速传播，东西方文化之间的碰撞与融合已经在所难免，我们目前要做的是评估和探索西方文化对于东方文化的影响深度。如何处理东西方文化之间的关系成为很多发展中国家当下必须要面对的迫切问题，问题不是如何在现有的东方文化中加入西方文化，而是如何探索东西方文化之间和谐的融合。

新东方主义代表着融合。新东方主义代表着一种外来与本土、古典与现代、文化与艺术融合的趋势，这种融合所产生的是一种在东方文明背景下而又海纳百川的特殊审美，代表着追求现代和思考过去的双重审美情趣。

2.2 何谓我们的传统

金秋野和他的学生们谈论过一个寓言，"走路的人发现一个房间，他见窗户关着，就把它打开了。他继续忙着走路，没过多久，一大群粉丝尾随而至，听他讲话，学习他的走路姿势，人越聚越多，穷追猛赶，追随其后，没人注意到窗子打开了。也有一群看热闹的人，闲庭信步，指指点点，心里满是怀疑和不屑，冷眼旁观。慢慢地人们就把这个房间忘记了。很久以后，有个孩子无意中进入这个空置了很久的房间，一眼就看见打开的窗户，就从窗子跳了出去。他看见一个美丽的新世界"。——摘自《乌有园》。

作为新兴的酒店设计行业，我们不能满足于跟随前人探索出的脚步，这种固定的思维模式，那样会让我们沦为既定模式的牺牲品，只能永远走前人的老路，践行陈旧的设计思想。设计师应该另辟蹊径，"山重水复疑无路，柳暗花明又一村"，始终怀抱着不断创新，颠覆前人，不满足于现状和安逸的既定思想的束缚。而这一切都需要我们正视自己的历史，从我们灿烂的文化中吸取设计元素，在传承中国乃至东方文化的过程中，不断推陈出新。庆幸的是，国内已经有越来越多的优秀设计师为我们打开了探索东方文化的窗户，让我们怀着对传统的敬畏，看看国内一些先驱给我们到底打开了哪几扇窗，外面都有什么。

王澍说："扪心自问，我们这个时代的人学的西方的东西远远多于学的中国的东西，我们喜欢谈论中国的传统，但是我们对中国的传统基本不了解，都是一些泛泛的，稍微具体一点就不了解了。"王澍的话也是一扇窗，他提出了什么是"具体的传统"。

关于什么是传统的问题，我认为传统不仅是指一套学问，也包括一些生活方式，一些思维习惯，以及一个完整的物质环境系统。任何文化都包括物质层面、制度层面和精神层面。但过于精辟的践行古代传统，会导致盲目的复古与倒退，也不符合当代中国的国情，我觉得王澍所说的"传统"，应该是大传统，即能为广大国人所接受的传统。

大传统不仅包括"外在的知识"比如诸子百家典籍和科学知识，也包括一些个人的生活习惯、个人修养、人与人之间的关系、不同的风俗制度、每个人的思想情操、不同地域的艺术、不同的信仰和哲学。

第3章　浅谈"新东方主义"中的传统美

传统的中国到底是什么样的呢？它在整个文化的发展过程中既产生过慷慨激昂的赞歌，也产生过婉约如流水的音乐；既有精华又有糟粕。我们应该怀着辩证的态度去看待传统文化。

古代中国由于受制于时代的生产力水平而没有当代社会如此设备完备，功能齐全的现代化酒店，但是一处处的帝王行宫别苑、豪门大家的氏族庄园、文人墨客的山水园林在当时的社会背景下堪称一座座时尚豪华的"酒店"，是下层民众所向往而可遇不可求的地方。

从某种意义上说，是现代社会发达的生产力和物质生活的极大丰富，造就了寻常百姓也能享受到现代化、高质量、系统性、具有人情关怀的酒店服务。

而对于文人墨客来说，他们更偏爱自己建造的园林，对于他们来说，建造园林不仅仅是一种物质上的享受，更为自己找到了精神上的归宿。由于园林建造融入了文人自己的情感，很多优秀的园林建筑，都是有性格和态度的。中国古典园林的建造和选址，所追求的最高审美旨趣是"虽由人作，宛自天开"力求营造诗画一样的境界。

总之，古人建造园林，不是用土石垒起一座座毫无生气的建筑，而是在建造一个个融入自己情感而具有生命的物体。一座园林集中反映文人内心生动真实的精神世界。

由此，我将引用自己的设计作品，从我参与的实际酒店设计项目"神农架皇冠假日酒店"设计中，结合我对中国古典园林造园中的一些感悟，践行"新东方主义"设计思想，阐述我自身对于"新东方主义"与我们传统之间联系的理解，最终探索和寻找到中国当代酒店设计的突破点。

3.1 道德传统

中国古人崇尚高尚的情操，对自身的品行有着严格的要求，这些充分反映在建筑、情感、艺术、衣着和礼仪上。自天子以至于庶人，壹是皆以修身为本——《大学》，中国人在设计建造房屋和宫殿的时候，总是尊重儒家的"中庸之道"。

3.1.1 中庸和谐

"中庸"是由孔子首先提出来。他说："中也者，天下之大本也；和也者，天下之大道也。致中和，天地位焉，万物育焉。""中庸是中国人的基本精神之一。""中庸"即适用而经久不渝。它后来演绎为不偏不倚、允当适度之意。

古人在探求天文和地理时都不能离开"中"而立。"中庸"的观念体现在古代建筑就是建筑的平面作对称均对齐的布置，总的来说，就是建筑的布局上必须

图 1 明清北京城及宫殿

有一条庄重的南北中轴线。这一格局成为中国古代各类建筑组合方式的统一标准，很容易理解为一种对称美——如宫殿、王府、衙署、庙宇、祠堂、会馆、书院等。在夏商周时代就已经有中轴对称的概念了，但最典型地代表这种中轴文化思想的建筑当数明清的北京城和宫殿了（图 1）。此外，这种中轴对称的建筑空间关系，也体现在很多一般普通民众的四合院民居之中。

古代村落建设，不仅尊重自热环境，而且对于土地也合理利用，甚至还表现出了对土地、水源可持续发展的思想。《荀子·天论》中记载："食之以时，用之以礼，财不可胜用也。"有计划、有节制地利用土地和水资源才能达到有序和可持续发展，由此可见古人就懂得利用自然保护自然的意识。

3.1.2 重伦守礼

《乐记》中说："礼者，天地之序也……序，群物有别。"这一点在《礼记》有关于建筑功能的论述中表达得非常清楚，中国古代建筑无时无刻不体现着父子、君臣的等级关系。因此，中国古代建筑无时无刻在体现着等级的观念，构成独特的等级次序美。

在一般传统民居的四合院中，也反映着家庭之中的等级关系。正房都位于住宅院落中的中间位置，而且在房屋的取向上为坐北朝南，都是家庭中老人、长辈或者主人居住的地方。北房的朝向和正房一样，也是坐北朝南，冬暖夏凉，光线充足，因此也被称为上房。整个宅子里有时不止有一座坐北朝南的房子，而只有在宅院的正中，最高的那座才能称为正房，其余都称为北房。

正房两边有东西两厢房，从尊卑等级来分，一般是长子住在东厢房，次子或辈分低些的住在西厢房。封建时期，正房代表了家族的最高权威，所以非常严肃，厢房则会多一些鲜活的生活气息。

3.1.3 外儒内道

儒学是中国几千年以来封建统治的文化支柱。中国传统儒家思想的一大特征突出表现在中正、礼仪方面。儒教虽然有利于封建统治者的统治，但它的弊端也

图 2 修身养性

显而易见，儒教过于束缚人性从而缺少趣味。因此，虽然中国的古代建筑的外观大多是庄严雄伟，但在建筑的后面都是诗情画意，曲径通幽，形成中国古代建筑前宫后苑的格局。这内外两个完全不同风格的形式，就集中反映了古人外儒内道的观念。从某种程度上说，是生活在封闭建筑中的人们对于道家思想所提倡修身养性、追求自由洒脱、讲究气韵生动思想的一种追求。身处闹市而向往山林。此外，中国古代建筑也道家思想的影响下，在造型艺术上趋于追求飘逸、流动的感觉，使中国建筑产生了一些檐角的翘起、屋檐曲线的流动，即使是屋顶也呈现出很多种不同的弧面，这样使因建筑产生流动和生动的感觉，体现了古人的智慧也迎合了道家的"气韵生动"之说……"（图2）。

3.2 形神兼备

3.2.1 形

中国文化中所追求的"形",是一种神秘而又飘逸的美学。名山大川,涓涓细流,悠悠香薰,一切无形或有形的事物在文人的心中都具备自己的独特的"形"。

3.2.2 神

中国文化追求"神","神"是指虚幻的意境和心中所想的。中国画当中反映出的气韵神形,就是从"形似"到"神似"的转化。

3.3 心映万象

关于"意象"。东方艺术的一大特色就是用心映射山水,文人墨客把自己的主观生命寄情于客观的自然山水。并且文人墨客们把自然景象当作自己情思的寄托,所以山水成了文人墨客书写情思的媒介。寄情山水,师法自然由此开始。

在中国古代山水画发展初期,就在不断探索什么是"真"的问题。荆浩在《笔法记》中对"何以为画"做出了这样的思考:"曰:画者,华也,但贵似得真……叟曰:不然,画者,画也,度物象而取其真。"荆浩进而又强调:"似者,得其形,遗其气。真者,气质俱盛。"在这里存在着两个层面的"真",第一层面是山形之真,即外在形象之真;第二层面是物象之真,即画家心中对山的意义的真实反映。山水画所追求的正是"度物象之真"。

任何一件艺术作品都是倾注了作者本身的感情在里面,不可能是对于客观事物的简单描摹,"度物象之真"正是"心映万象"的具体体现,无论是文学作品,还是山水诗画,抑或是风景园林,"自然"在他们眼中也变为尺牍上摆弄的山水"游戏"。

3.4 极致诗意

"诗意"是中国艺术的最高层次。极致诗意的生活状态是"曲水流觞",这是中国古代文人的一种文字游戏,将诗意的生活发挥到了极致。古代文人经常在一些风景优美的地点,举办以题对为主的聚会活动,人们会在曲折的小溪边排坐,然后由上游的人出题,再水中放一只载满酒杯的盘子,顺流而下。酒杯飘至谁的前面停下,此人就要对诗一句,如有对不上者,自罚三杯。如今保存于北京恭王府流杯亭、北京故宫花园中的禊赏亭,都属于曲水建筑。(图3、图4)

图 3 香炉

图 4 国画山水

图 5 线性美学在国画和书法中的体现

3.5 线性美学

独特的线性美学。中国书画重在对于线的描绘，书法家们都通过豪迈的字体和狂放的字体抑或是婉约的字体表达自己内心的状态，"字如其人"，这是中国传统线形文化的一大特色。不仅在书画方面，建筑和园林景观、窗花、斗栱、无不体现着线性之美。（图5）

3.6 重复之美

"重复"——中国的美学美在绵绵不绝，生生不息，重复不断是其一大特色。以房屋建造为例，古人在房屋建造的时候往往使用重复的建筑构件来营造纷繁复杂的感觉，有些也可以起到很实用的功能，比如斗栱结构，可以分解力的导向，使一些高大复杂的建筑建造成为可能，斗栱上的壁画精美绝伦，给人一种纷繁复杂，连绵不绝的视觉感。而房屋的装修上不仅要保证庭院的形状既方正整齐，又不显得生硬呆板。在方正的总体布局中又要体现出曲折变化之趣，而曲折变化又不能脱离方正的格局，空间分隔要巧妙恰当，既要体现出错综复杂的感觉，又要排布适宜，往往在门窗槅扇、挂落飞罩的地方都会用到重复的结构，形成一种程式化的美。仅风窗槅扇式就有代表性的：户榻柳条式、束腰式、风窗式、冰裂式、两截式、三截式、梅花式、梅花开式等，重复纷繁，美不胜收。这都是我们可以从中吸取创作元素，简化样式，最终用于现代酒店设计创作的宝贵素材来源。

3.7 合之平衡

"合"来源于中国道教，世间万物之间都有一种相互的平衡，而"合"是这种平衡的最高境界。以叠山造水为例，古人在庭院之中都有人造的假山，假山要依水而建才能有生机灵气，营造的景观才能美妙动人。如果假山高处不能注水流下，涧壑间无水就缺少了很多灵趣，也自然少了深邃的意味。江苏无锡的寄畅园，就有很多非常好的假山作品，其中用黄石叠砌而成的"八音涧"非常著名。这个山涧中有两脉溪流，在山石间穿行跌落，声音清脆如音乐响起。苏州留园借助园中的水池，也在池北侧的假山中设计了一条水涧，如同山水画中的水口。叠砌山涧，崖壁立峭，山水相合，阴阳交汇，山石与山中的清流清澈柔美，正好形成审美上的对比。

图6 重复之美

3.8 红与黑、灰与白

中国色彩注重使用"红"与"黑"和"灰"与"白"。在中国古代绘画作品中，朱红与青色经常出现，这就是所谓的"丹青"，这两种颜色能产生古朴、雄壮、优雅的氛围。威严的宫殿和充满次序感的柱廊，再加上红黑分明的颜色，给人一种古朴雄壮的视觉冲击力，往往会给人一种心灵上的震撼。（图6）

第4章 探寻中国当代酒店设计的突破点

当下的中国,城市化的进程已经不可避免,作为酒店设计师,我们要做的就是顺应历史潮流,更多地设计出符合社会需要的优秀设计,展现城市的文化风采,延续一个城市的历史文脉。多年以后,这个酒店还能否成为一个城市的名片,当人们第一次踏入这个城市时,还能否在这个酒店里找寻到曾经被这个城市遗忘的文化,这是值得我们深思的问题。

当下社会,当城市化不可逆转的时候,再去思考园林问题还有没有意义?古人为中国山水园林制定的四个标准——可行、可望、可居、可游,还适用于现代社会么?那么,它对现代城市和人们的生存状态到底有什么作用?我们能够从中吸取什么,以扩展现代设计体系的视野?我想这是我们该思考的问题。

4.1 当代酒店设计中的"新东方主义"出现的背景

当今社会,西方文化大量涌入,中国酒店设计才刚起步便受到西方文化的强烈冲击,中国酒店市场在很长一段时间里经历了对西方的模仿、改造和创新之后,出现了返璞归真、探索中国传统文化的趋向。回归的根本原因在于国内经济的快速发展之后,国人对于本国文化的自信促进了国人在居住精神上的觉醒。这是国人民族精神内核觉醒的表现,文化的进步更能唤起人们对本国传统文化的回忆和追求本国文化的归属感。

在当今科技与建造工艺不断发展的大背景下,中式建筑已经可以满足人们的居住需求和商务办公等功能。可以说,高品质的酒店住宿体验已逐渐成为人们身份地位和思想品位的象征。中西方文化本身存在很大的不同,中西文明对美的认知自然也大相径庭,在现代建筑学及当代酒店装饰设计理念当中也自然存在着很大的差异,当然东方的设计风格更能够唤起国人对本国传统的认可和回归。

东方——尤其是中国的崛起也让中国文化处在更加自信的时候,东西文化难免会发生碰撞,这是历史的必然趋势。历史上也曾有很多本土文化被外来文化覆灭的例子屡见不鲜,而现在越来越多的国内外知名设计师开始认识到保存我们本国文化的重要性,要想让我们的文化得以传承,进而发扬光大,我们必须找寻一种平衡,一种可以兼容并蓄,拥有博大胸怀的设计思想,"新东方主义"是一个比较好的选择。

此外,当今酒店设计中所面对的客户群体也逐步向文化程度和文化素养比较高的中产阶级转型。这些中产阶级大多有着高校学习甚至留学海外的经历,他们更加追求生活品位和文化品位,对中国传统文化也更加缅怀和珍惜。因此,这也极大地刺激了中国酒店设计界"新东方主义"等风格的产生和发展。促进了知识分子对于本国传统文化的探索进程,"新东方主义"不再是纯粹的复古,而是在融合了现代与古典、西方与东方之后另寻出路的一种有力探索。

4.2 当代酒店设计中"新东方主义"的内涵和基本特点

4.2.1 内涵

"新东方主义"酒店设计是一种新的设计文化融合方式,它代表着中国传统文化的传承与回归,体现了以"儒家思想"与"道家思想"为代表的中国传统文化精神。将中国传统社会所倡导的"天人合一"的境界将再次融合到我们的设计之中。

4.2.2 基本特点

"新东方主义"体现着探索与传承的精神。"新东方主义"实质就是在经济快速发展,古今碰撞的激烈时代,如何探索传统文化的传承与发展的问题,它的本质仍然是体现一种东方主义精神,追求"天人合一"的哲学思想。

4.3 当代酒店设计中的"新东方主义"创新和发展策略

而我们面临的问题也随之而来,如果可以解决好这些问题,就可以让我们的文化在外来文化的冲击下继续良性的发展,同时也可以找寻到当代酒店设计乃至室内设计、景观和园林设计的突破口。

(1) 设计在追求现代化的同时,怎样做到既有较完善的功能,又体现出中华民族的固有的文化特征。

(2) 新东方主义不是一味地模仿、仿造和复古，而是吸收、融合、创新。

(3) 设计的根本是建立在东方的审美趣味之上，而设计的表现形式则应该不拘一格，无论是现代人眼中的传统美，还是西方人眼里的东方美，最重要的是适应现代人基本的生活方式。

(4) 新东方主义是通过对传统文化的深刻认知，以现代人的审美趣味来打造富有传统韵味的事物，让传统艺术的脉络以新的新式、新的思想传承下去。新东方主义的精神是兼容并蓄、海纳百川。

(5) 如何树立国人对于本民族文化的自信心和归属感。如何广泛地提升国人对"新东方主义"酒店设计的认知，激发国人对"新东方主义"风格的酒店产生一种源自民族自身的认同感和归属感，从而创造出更加符合国人需求的设计作品，推动"新东方主义"风格酒店的发展，这是我们当前所要重视的问题。

(6) 注重国人传统的生活方式。在现代化进程中，中国人的生活方式和精神内涵随着物质层面的西化极大地受到一些西方理念的影响，但是中西方文化的差异也使得中西方的居住环境和设计观念存在着很大的差异。"新东方主义"酒店设计要想超越西式酒店设计的设计地位，赢得更多的受众群体，就必须充分了解国人的需求，充分满足国人的生活方式和社会伦理关系，表现出独特性和包容性，并且在设计中应当更多地体现出传统文化中"礼"的元素。

当代中国设计师一项重要的任务就是重新认识从前，从古人的知识中寻找智慧。我们的设计语言必须要有一种真切的、宽广博大的文化观来支撑。"保存传统的唯一途径是：找到一种可以连接古今的途径，而不断将其翻新"（叶锦添），而"新东方主义"在尊重传统艺术的基础上既有突破又有创新；当代中国酒店设计界出现的"新东方主义"风格对中国的酒店无疑具有深刻的影响，并且具有深刻的文化引导意义。探寻西方设计文化与中国传统设计文化发展的有机融合，是我们当下负责任的设计师必须肩负起的社会责任，这对我国酒店设计的后续发展具有特别的现实意义，"新东方主义"是探索，是创新，是融合，也是改变。

参考文献

[1] 金秋野 王欣.乌有园.上海：同济大学出版社，2014.
[2] 计成.园冶.江苏：江苏文艺出版社，2015.
[3] 卢铿.未来来自融化的过去——"新东方主义"艺术观浅见.中国建设信息，2005（04s）.
[4] 朱良志.曲院风荷.北京：中华书局，2014.
[5] 文震亨.长物志.江苏：江苏文艺出版社，2015.

行
环境设计学科研究生校企联合培养的探索与实践 第二季

Walking
Exploration and Practice of the School and Enterprise Joint Training of Environmental Design Graduate Second Season

『往来』
——浅谈地铁车站一体化
"Run to and Fro"—Discussion on Integration of Metro Station / Gao Yanxi
◎高彦希

『从「往来」这个角度来说，地铁是一个多样的形态空间』

姓名：高彦希
所在院校：四川美术学院
学位类别：专业硕士
学科：设计学
研究方向：环艺设计
年级：2014级
学号：2014120043
校外导师：姜峰
校内导师：潘召南
进站时间：2015年9月
研究课题：地铁车站一体化设计

方案效果图、手稿

拓展厅门头景效
东方之门地铁站·BIM技术应用

墙面龙骨·机电设备
东方之门地铁站·BIM技术应用

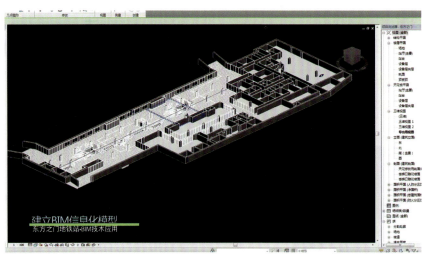

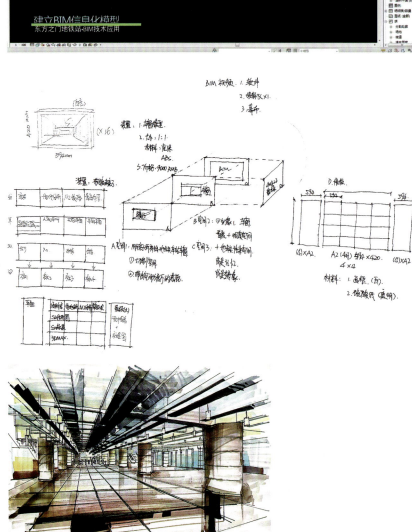

个方向设定为设计实践的

到启发学生的主动意识,

的同时,最大限度让她独

入关键的后期,结合企业

修改已提交了成果,但存

文章的研究结构与表意欠

一定偏差,这也暴露出今

文字表述能力薄弱的普遍

需要给他们更多的指导,

具备怎样的能力才有资格

的差距感会让他们自觉

于创新,也证明了来工作

必要的,希望他们能在这

有所收获。

第 1 章 绪论

1.1 论文的研究背景

中国随着人口聚集导致城市人口密度越来越大,城市化建设进程总体上呈现加快状态,给城市带来了一系列交通拥堵的问题。因此,地铁成为缓解城市交通拥挤问题的主要工具。中国城市地铁建设现处于发展阶段,地铁车站的建设与发展,促进了国家和社会经济的可持续发展,所以地铁车站的设计将是我们国家发展不可避免的重要课题。

1.2 论文的研究线索

地铁是一个承载出行与归途的纽带,地铁车站的最大魅力是陌生人之间不经意的擦肩而过,从"往来"这个角度来说,地铁是一个多样的形态空间,它可以给来来往往的乘客带来多种富有乐趣的空间体验;地铁也是一个灵活的组织空间,通过它特有的交通功能,增进人们的社会交往和交流,还能满足不同层次乘客的各项基本活动需求;地铁还是一个鲜明的节奏空间,因为这个空间的特殊性,在这个特殊空间里的人群必须遵守"去而复返"的交通规则,从而形成"循环不息"的乘车节奏;最后地铁还是一个有序的延展空间,在这个空间你还可以看到城市文脉的有序延续和城市精神的无限往来。

1.3 论文研究的基础条件

1.3.1 国内地铁车站设计现状

自从国内第一条地铁建成以来,地铁车站对人们越来越重要,所以迅速的普及到各地城市,地铁车站的设计也由早期的简单化,逐步上升到系统化、科学化的轨道。本段将对国内有代表性的城市的地铁车站发展现状做简要的分析,以呈现地铁在设计发展过程中的基本脉络和典型问题。

1.3.1.1 地铁站的人流密集为商业的快速进入提供了机会与条件

随着地铁车站的发展，站点的商业店铺兴起给客流的聚集与疏散带来了新的问题。主要体现在以下两个方面：

（1）空间整合。在早期地铁车站的建设上对商业形态及空间布局设计缺少统一考虑和前期规划，导致站点仅有交通功能而无商业体系。随着地铁车站对商业空间需求越来越多，因商业空间的前期设计无法进入地铁空间，导致后期无法满足商业功能，无法对丰富的乘客资源充分利用。

（2）交通流线。一体化设计中需要满足基本的交通功能。商业店铺也应该是通过不同站内交通流线的设计和组织，使地铁车站内部的交通流线和地铁车站外部的交通流线，成为一个立体的交通系统。最典型的要数香港地铁，因为交通流线的合理设计使得整个地铁车站的商业空间和地铁空间构成一个流动的整体空间。

1.3.1.2 附属建筑缺乏整体规划

地铁车站的附属建筑往往从地铁车站内部的大厅出站口开始嵌入，此种方式具有很高的使用效率。如日本东京新宿站就是一个典型例子（图1），由于日本土地资源有限，在满足基本的交通功能以外，通常在出站还会设计综合的商业店铺街，这些商业店铺还要延伸至附近的商场。将出站口和周边商业设施融为一体；而地铁站的南部区域则延伸至了巨大的城市广场，结合了商业设施，形成一个环境良好的商业体系。

1.3.1.3 导向系统指路不明

相比较我国的地铁导向系统的现状，还普遍存在着以下一些问题需要进一步

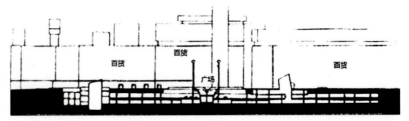

图1 新秀站立面开发剖面图（图片来源：胡宝哲．东京的商业中心．天津：天津大学出版社，2001）

完善：导向标识设置不科学、色彩的识别性不强、导向的指示不够明确等问题。

北京地铁在1969年10月1日建成并且开始运营。由于北京地铁修建的时间较早，最早的标识都很简单和单一，在设计时标识的材质、形式、色彩和规范上没有统一。随着地铁车站的客流不断增加，标识给乘客带来的指示信息量较少。且不说装饰性和艺术性，单从标志的功能性和指示性已经不能满足乘客的乘车需求。

之后发展的深圳地铁吸取了早期其他城市地铁导向设计的经验，在地铁的设计里面加入了人性化设计，这是使得地铁的标识系统更加科学和高效。但由于地铁车站早期设计对标识系统的功能和作用缺少一定的认识，标识设计没有做统一的前期规划，在运营时还是暴露出很多缺点和弊端，影响到了地铁交通基本功能的发挥。（图2）

图2 西安地铁南稍门站厅层空间导向示意图（图片来源：钟梦雪，基于地铁站域内公交换乘导识系统的设计研究.2014,5.）

1.3.1.4 装饰设计的特色危机

所谓"特色危机"，是指地铁车站缺乏地域识别性的问题。目前，在中国城市的地面空间存在着"特色危机"，这样的现象也存在于地铁车站的设计中。首先，当乘客置身于地铁车站中，一般很难辨识出所处在哪个城市的地铁里，给乘客的心理感受是"南方北方一个样"、"每条线路一个样"，例如早期的北京、上海、广州的地铁车站设计风格十分相似，缺乏各自的地域文化特征（图3）。其次，即使在同一城市地铁中，不同线路和不同车站之间也缺乏视觉上的差异性，导致车站的识别性低和辨识度差。

后来，中国多条地铁车站在设计的时候对中国传统艺术文化与地铁空间的功能结合颇为明显，许多车站都充分以区域文化的深度剖析为前提、城市文化的元

图3 北京、上海、广州地铁站内部图（图片来源：网络图片）

图 4 成都火车北站（图片来源：秦颖．地铁站空间设计中地域性文化元素适度性运用研究．硕士学位论文，2010）

素提炼为设计基础，再与功能结合设计。虽然这种方法解决了车站线路识别度低的问题，但是在一些地铁车站设计中还是出现了元素使用过度的问题，如：成都一号线的火车地铁站（图4），在整体的设计趋于标准化设计，空间设计却存在着使用元素单一且重复的问题。

文化元素和艺术符号运用在了人流密集的空间节点上，装饰的过度夸张导致乘客在空间中的行走不便和遮挡视线。文化元素和艺术符号的大量重复运用会使得地铁车站偏离以"功能出发"的设计初衷，还带来投资成本的增加和建设时间的浪费。因此，只有在满足功能性的前提下，才能在设计中考虑艺术与功能的协调问题。

1.3.2 国内地铁车站设计的不足

地铁车站是城市多元化与快速发展的产物，它改变了传统的地面交通模式，同时也是缓解了地面空间紧张的城市发展问题。它作为城市轨道交通重要节点，是联系地下交通空间与地上城市空间的纽带，基于以上分析目前我国地铁车站设计存在以下问题：

（1）我国全面推进地铁建设时间较短。相比世界地铁百年的发展历史，我国地铁建设尚处于初步阶段，因此该领域的研究成果也相当匮乏，导致国内设计都是引用的国外经验，没有形成专业化、个性化系统化的设计。

（2）缺乏专业人才和技术经验。导致一体化设计的意识发展和认知不足，在地铁建设初期，未将地铁车站的开发与协调紧密有效地整合。

（3）在现有的相关文献和设计经验中可以看出，设计师大多是从某个专业的设计角度和领域展开设计，比如车站的室内设计、车站的装饰设计、车站的导向设计、地下空间的商业规划等，导致在发展后期出现车站特色危机的问题。

（4）缺乏有效的设计管理系统。在地铁站建设过程中，不同建设工程之间的合作缺少有效配合和协调，没有对地铁站开发的商业、导向、装饰、艺术、建筑等各个重要的要素进行结合设计，设计速度跟不上发展速度，这导致地铁站的综合开发和一体化设计难以实现。

1.3.3 地铁车站的繁荣与发展带来的矛盾

在世界地铁轨道交通发展的进程上地铁作为城市交通的重要工具发展已有百年历史。伦敦在1863年开通了人类社会历史上的第一条地铁线——大都会地铁线。从此，人类进入了城市地铁的交通时代。随着城市化进程的推移，地铁车站的建设也逐渐普及到各国城市，在中国根据城市地铁车站建设的规划和速度来看，大致可以分为以下两个发展阶段：

第一阶段是1965年至1995年，最初兴建地铁的这30年，中国地铁车站受到国内社会大环境的制约，在设计上缺乏技术和管理的条件，所以起步缓慢、发展艰难。1965年，北京地铁一期工程作为中国的第一条地铁正式动工，由于社会背景和技术存在不够成熟等一系列问题，地铁建设未能持续发展。

第二阶段是1995年至2015年，中国地铁车站进入了快速发展的"黄金20年"。全国10多座城市开始要建地铁，掀起了轨道交通建设的小高潮。这黄金20年里，地铁车站的设计呈现出功能化和个性化的双重发展趋势。其中有以侧重现代国际化和强调功能实用性的地铁车站，如深圳、广州、香港等国际化的大型城市为代表的地铁车站，在地铁装饰设计上强调功能、高效、便捷、展现城市国际化气质；有以侧重装饰艺术和强调历史文化内涵型的地铁车站，如西安、南京、成都，使得现代的地铁装饰设计能折射历史、传承文化；还有符合时代气息的地铁车站，在张扬个性的同时，传递内涵，一线一色、个性鲜明。

综上所述，我国在最初建设地铁的这几十年间由于社会大环境的制约下发展十分缓慢。地铁车站的技术和管理大多来自国外的优秀经验和成熟案例，没有形成自己的设计氛围和风格特色。

1.4 课题提出研究目的与意义

1.4.1 目的

我国地铁起步晚、发展速度较快和西方国家比起来建设的综合水平还存在一定的差距，缺乏成熟的经验和系统的设计管理模式。这使得目前国内完成的许多地铁车站都只是纯粹满足地铁的基本功能，其他功能各自为政，缺少有效结合。加上设计经验和认识不足，从而导致在很长时期内，地铁车站设计没有将一体化思想与地铁车站结合起来。尽管目前已经有开展相关方面的探索，出现了一批一体化设计的地铁车站设计，但在地铁车站的一体化设计中，仍然面临着诸多问题。而本次研究目的就是以地铁车站一体化设计为主线，在地铁特殊复杂的空间环境里，探索一体化设计的重要性，使地铁车站设计与商业、导向、装饰、艺术、建筑相互整合，形成统一的综合化地铁空间，并对地铁车站及其设计进行探讨并提出策略。

1.4.2 意义

地铁车站设计与商业、导向、装饰、艺术、建筑的一体化设计研究的意义在于，通过研究回顾过去，通过调研分析国外和我国现有地铁车站实例，找出我国地铁车站发展的不足；总结经验，立足当下为我国当前的地铁车站设计整合出"一体化"的发展思路；思考未来，为未来地铁车站设计和相关研究提供参考，具有一定的现实意义。

1.5 研究内容

1.5.1 基本范畴（图5）

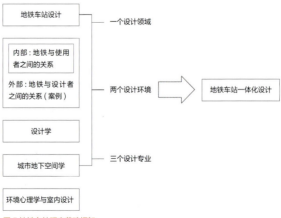

图5 地铁车站研究范畴框架

1.5.2 论文框架的基本逻辑

第一章：绪论，这一部分主要提出问题，阐述论文的研究背景。分析地铁车站开发的全球化发展背景，为解决交通问题，地铁成为方便人们生活的主要交通工具，但是在设计上却存在一些问题；分析国内地铁现状，对国内地铁空间一体化设计相关理论及研究的综述；研究目的与意义，对地铁车站设计现在存在的问题进行了归纳；研究内容，包括论文的研究范畴和基本逻辑框架；最后提出论文主要研究方法。

第二章：问题的分析。本部分在前一章的基础上，分析出从"一体化"角度出发进行地铁车站的设计，提出公交为主的用地模式理论和 TOD 理论对地铁车站一体化设计的指导意义，再对地铁车站一体化设计的基本概念和基本模式详细展开论述，形成地铁车站一体化设计研究的理论框架。

第三章：探求问题和解决问题。一体化设计在地铁车站的运用。阐明了"一体化"时代的到来，对设计提出新的要求。引用分析杰恩设计公司地铁部和伦敦地铁的案例，为之后地铁车站一体化设计提供了基本资料和准备工作，其次是在研究基础上将公司地铁项目的一体化设计手法和设计理念引入地铁车站一体化设计中去。有机地组织起来形成论文的研究成果和设计方法，得出基于地铁车站一体化思想的设计实例。

第四章：结论。 回顾论文的研究过程，反思当今的地铁车站的设计，得出了地铁车站一体化设计方法的创新点，为当前地铁车站设计提出新的观点与建议。

1.6 研究方法

1.6.1 文献阅读法、资料采集、类比分析法

第一，文献阅读法。在论文写作的前期针对性的采集、查阅国内外相关资料，了解地铁发展历程，一体化设计的概念和当今的主要成果及发展动向，明确研究的主要方向和动态前沿，并对调查结果和国内新型地铁近几年来的实践探索进行归纳总结。

第二，对比分析法。第一章运用类比分析法，分类分析国内外地铁发展现状，

得出研究的基础条件。运用逻辑推导的方式，在事实判断的基础上推演得出价值结论。

1.6.2 以专业学科研究为前提、项目对比研究为依据

第一，专业学科研究法。由于本论文是一个牵涉多个专业领域的研究课题，所以论文从地铁车站一体化设计的角度入手，再从地铁车站室内设计中展开，将环境学心理学、行为学等交叉学科相互融合进行研究研究。

第二，项目研究为前提运用了纵横分析法。通过纵向对比，以历史为轴线，纵向展开地铁车站设计的历史和现象。再通过横向对比国内地铁公司实际项目和国外成熟地铁车站设计，寻找地铁车站一体化设计成功开发的规律和方法。

第2章 地铁车站一体化设计的可行性探讨

2.1.1 理论依据

2.1.1.1 公交为主的用地模式(TOD)理论

TOD(Transit-oriente development)是一种以公交为主的社区发展形态。它是由新城市主义代表人物(Peter Calthopre)提出，核心是强调土地的综合利用和有效发展的模式。以公交站点为核心将居住、商业、办公和公共空间都有效组织在一个环境中，使人们可以通过轨道交通系统到达周边的社区或城市中心，若干个这样的社区构成了由轨道交通系统组织形成的发展区域。①

2.1.1.2 TOD 理论对地铁车站一体化设计的指导意义

运用 TOD 理论对于地铁车站一体化设计进行的指导意义在于突出 TOD 发展模式的两个核心概念：第一，高效。一体化模式通过各个系统部门之间的相互整合才能最大限度地获得效益。在设计过程中，把各个领域纳入其中进行整体设计，在设计层面上的有机整合，尽可能地减少经济成本，维护开发商的利益、缩短建

设周期。第二，聚集。主要是指在地铁车站的空间功能集聚效应。由于地铁站设计区往往是各种设计交叉和汇集的节点，所以地铁站设计的核心就是"一体化"设计。在地铁站设计中，应该鼓励更多的地铁功能（商业、导向系统、艺术、装饰、建筑等功能）被容纳于地铁站设计中去，使地铁站能满足不懂层次的人的各项活动需求，对增强地区的活力和带动地区的经济也有着重要意义。

2.1.2 地铁车站一体化设计的基本概念

"一体化"一词来源于拉丁文，英文词典的解释是"使成为一体"，国内的解释是"一体化"、"整体化"，指两个或者两个以上相互联系和相互区别而又相互作用的元素，在既定的一定环境的约束下，为达到整体化的目的而形成的有机集综合体。

一体化思想的内容丰富和多元，但主旨就是有序、协调。有序指的是一体化的核心，看似散乱，却内在充分协调，使散乱的元素高效有序的连接在一起，使其贯穿于整个系统的每个环节之中；协调体现出的是一体化的目的，最终要求每个系统的各个部分彼此之间和谐统一在一起，系统各个要素的匹配。城市综合交通枢纽的地铁一体化设计带来了以下两种调配方式：

(1) 元素的集成。地铁车站内元素的集成有两方面含义：一是内部空间与外部建筑的多样化，形成集交通、商业、娱乐、休闲等多种服务功能于一身的多功能、综合性的建筑空间。二是集多种系统的统筹方式于一身，即将地铁车站的商业策划、导向系统、装置、艺术、建筑等集中组织调度。

(2) 资源的调配。地铁车站内资源的调配是指车站内的每个元素都能有序地组成为一个全新的整体。元素是整个车站的一部分，整个车站的各个部分又互相协调和互相渗透，使每部分充分发挥各自的优势，然后取长补短并且相互促进发挥地铁车站功能的最大化。

2.1.3 地铁车站一体化设计的基本模式

首先，如果将地铁作为人与商业环境体系进行研究，一体化设计是最有效的手段之一。因为地铁车站是城市与公共交通的接口，它把地下和地上不同功能、不同业主、不同特征的沿线站点及建筑与城市紧密联系起来，实现了客流的汇聚及疏散，存在着巨大商机。

但是地铁站的商业规划与交通功能的建设基本上是各自为政，地铁交通建设部门多是从客运本位出发，而对其站点的延伸服务于商业价值利用缺乏统一考虑和总体规划，导致建设后没有行形成商业体系，浪费了站点商业资源，造成建设成本无法收回的现象。在国内运作得最成功的算是香港地铁，地铁附属资源的开发一般连通商业店铺或者大型商场，这也使香港地铁成为全世界少数盈利的地铁。

其次，人在行走过程中与地铁车站的导向系统必然会出现一个交集点。地铁导向系统作为重要的交点存在，是为了往来穿梭在地铁车站的人们可以快捷、准确找到自己目的地，给乘车人指明方向的作用。地铁车站内部的交通路线错综复杂，导向标识系统则可以让人们无须语言就能识别。一个合适的地铁导向标识无论是在换乘站还是普通站都可以起到"以一当十"的作用。地铁导向设计将车站使用者在车站中的主要行为划分为三种基本的模式：进站乘车、出站以及换乘，而每种行为都反映着在不同的行进过程中乘车人的不同信息需求，基于此理论，地铁导向系统是地铁交通信息化的基础平台，还是形象与功能的完美体现，达到安全出行的效果，因而一套完善的导向系统设计尤为重要。

第三，装饰。国内许多中心城市和大城市都非常重视地铁装饰的设计，虽然地铁车站设计不断完善，乘客对装饰的认知程度和满意程度也在不断提高，但对于装饰设计大多是以设计者的主观经验和概念架构作为设计的基本依据，缺少理论、科学的设计依据。因此，当前的地铁车站不能表达多样的空间形态，给人以丰富的空间体验。

地铁的装饰部分需将最本土、最特殊、最有别其他城市的地铁形象展现在人们面前。其最主要的宗旨就是一切从城市文化出发提高、乘客审美要求出发，注重艺术性与城市文化相融合，让不同年龄、不同地域、不同文化程度差异的人群都能从地铁装饰中感受到当地的文化气息，提高乘客的审美观念和情趣意识。伴随着城市旅游业的发展，地铁也逐渐成为城市旅游形象代表的重要节点，起到了宣传窗口的作用，它传承了民族文化，使城市的文脉和城市的精神得以延续。

然后是艺术。在地铁车站中观看艺术作品和在美术馆或者博物馆看艺术作品的心理感受是截然不同的。地铁车站里的人们都是带着不同的目标在车站里脚步匆匆、来来往往，地铁站不是人们最终的目的地，而是一个有"往来"作用的一个公共场所，除了在站台候车之外，大部分人都不会在地铁车站驻足停留。因此，如果能达到空间功能的需求，又能较好地展现空间的样貌，完成诸多功能的叠加才是最受人们喜爱的公共艺术设计。不影响疏导人群的功能，还能在给人视觉享受的同时，在精神上开展教益和互动，从这个角度来说公共艺术的作用就是起着这样一个在不知不觉中激活城市空间与乘客交流，还能唤起乘客对这座城市的深刻记忆。

最后是附属建筑。它是大型的交通空间和商业综合体的附加价值的体现。许多发达地区的地铁车站都依附在城市的附属建筑上，通常以地铁车站站为起点，向四周、地下和地上辐射发展，把城市地下空间和地上建筑进行系统的有机整合。地下空间成为城市公共空间的新的延伸和重要的组成部分，主要起着以下两个方面的作用：

（1）城市媒介作用

在城市由工业时代向信息时代转化的过程中，地铁附属建筑不只是单独的功能个体，往往被看作一种承载建筑的空间媒介。地铁车站与城市生活空间发生关联的过程中会产生新的活动空间，形成人们活动的场所。因此这种功能的存在，延伸了地铁空间附属建筑这一普通概念所包含的意义，为人们塑造了新的场所创造了新的回忆。

（2）单元转换作用

附属建筑成为新的元素，有效地增加了地铁车站与地上空间各元素之间的联系，为人们的生活带来了方便，也促使这两个空间内各元素之间的激发与催化。首先，通过附属建筑可以给地铁车站带来大量的客流，形成客流的聚合。其次，地铁车站也可以引入附属建筑，可以产生新的空间类型。提供了人们日常活动的可能性，增加人们的日常交往。

第 3 章　一体化设计在地铁车站的运用

3.1 "一体化"时代的到来

从上述统计可以看出，在 1995 年至 2005 年中国地铁高速发展的这二十年里中国地铁车站的线路和站点明显增多，而且主要集中在 200 万以上的大型城市中，地铁车站的建设在一定程度上缓解了交通拥挤的问题，从"起步时期"过渡到了"成熟时期"。但是地铁车站的出现也显现出我国在地铁车站设计上的进一步不足和地铁车站设计的更新速度必须相应提高，这意味着中国地铁车站即将从"成熟时期"向"一体化时期"转变和过渡，这也为地铁车站的设计带来了更高的要求。

3.2 设计的革新

传统的设计模式只对单一的一个站点进行分析和考虑，这样难以对整条线路多维度、立体化的考虑，会显得地铁车站的设计零散、混乱，不能体现城市气息，不利于地铁车站一体化设计的创新和发展。所以，本段通过以下两个案例来说明从整体性和系统性的设计角度对地铁车站进行设计必要性，试图通过这些成熟的地铁设计经验为未来地铁车站一体化设计找到适合的设计经验和设计思想。

3.2.1 研究实例一：杰恩公司青岛地铁 M2 号线车站一体化设计

3.2.1.1 项目背景与定位

2012 年，青岛市启动新一轮轨道交通规划，规划形成 19 条轨道交通线路，全长 814.5 公里。其中市域构建以"一环四线"为基本形态框架的轨道交通快线网络，由 9 条线路组成，全长 460.8 公里。

3.2.1.2 方案构思

纵观整个青岛的发展史，整个城市是从沿海发展到内地的一个过程，所以设计一种"蔓延"的理念。根据周边环境和建筑特色以及周围商业因素的强弱将地铁站划分为三个板块，用不同的颜色分别代表旧城区、新城区、住宅区，层次分明。而不同的城区线路也用不同的颜色来代表，体现出线路各自的特点。青岛也同很多沿海城市一样临靠海洋，整个城市地铁线路的发展也是从沿海的老城区最早开始发展地铁，然后穿过大部分的沿海居住区，最后发展到高新科技的新城区，所以在设计时试图在城市发展的过程中找出这个城市发展的延续感和连续感，尝试着在设计的每个环节都把线路中"蔓延"的渗透性、连续性、过渡性、舒缓性和整体性慢慢地带入青岛地铁二号线的方案中去。

3.2.1.3 一体化的设计理念

（1）线路设计

整条线路主题色彩鲜明重点站与标准站色彩相悖给人以直观的视觉冲击，以黄色和蓝色为主题色，贯穿整条线路，站点符合线路色，相邻站点不重复，重点站特殊定义。黄色代表着生机勃勃，象征青岛充满生机的未来；蓝色给人以活泼、动感的感觉，近海的站点选取淡蓝色为主；临海站点选取象征海洋的蓝色给人以舒适、宁静的感觉；海洋深处的灰色给人以科技、时尚感，寓意青岛东部新城区未来发展的风貌。

（2）公共艺术引领

公共艺术是激活地铁空间的媒介，它可以挖掘更多地铁空间的乐趣，泰山路站由于临近儿童公园、青岛吉林路小学，儿童居多，所以本站以童真童趣为本站设计特色。儿童贪玩、好动、活泼、热情，所以选用乐高玩具作为本站的设计元素，乐高本身具有模数化的特点，与地铁空间结合，使地铁空间更具童趣。泰山路艺术品是以儿童画的形式变现青岛文化和童真童趣，以局部浮雕的形式和平面图案相结合的方式，在层层的波涛里，能看到儿童画海里的生物和渔民的船，满足了孩子们对海洋的幻想。通过这种设计方法很好地把艺术性与生活性完美结合，使人们在换乘或停留时眼前一亮。

3.2.1.4 青岛地铁一体化设计的创新性

在设计手法上，青岛地铁车站在设计形式和空间处理上通过不同的设计方法展示出了蔓延舒适之美。首先是设计的层次化，在前期规划时就合理区分、规划地铁线路，为后面的设计做准备工作并体现车站特色；其次是设计的情感化，地铁车站设计不仅注重商业、装饰、导向等重要功能，还要注重城市性与城市环境的融合，使之在视觉构成上饱含鲜明的文化情感、城市气质；最后是设计的时代化，整体采用一体化的设计手法，强调出商业、导向、装饰、建筑等核心的要素，

图 6 1990 年代换乘站已配备现代化的设计 [图片来源：Oliver Green, The Tube Station to Station on the London Underground (Shire General) Hardcover .Shire Publications (October 23, 2012)]

图 7 2010 重建的自动扶梯 [图片来源：Oliver Green, The Tube Station to Station on the London Underground (Shire General) Hardcover .Shire Publications (October 23, 2012)]

突出车站功能完备、特点突出、立体交叉等一体化设计特点。使庞大复杂的地铁车站和其他城市的地铁车站有所差异和更加具有时代性，通过这种方式的设计也使地铁车站变得不再令人望而生畏，而是具有更多的亲和力、感染力。

3.2.2 研究实例二：最早发展的伦敦地铁

世界的上第一条地铁线——伦敦大都市线（Metropolitan Railway）于 1863 年 1 月 9 日正式运营，总长为 5.6 公里，这条线路由私人公司建造。经历了不同时期扩大、扩展、打开、关闭和重建，最能直接体现伦敦地铁车站在设计上的重大改革，它的每一次改变不但是一次自我更新，也更改了地铁车站的历史面貌和发展历程，开创了地铁车站设计的多种模式，带来了更多的设计观念。

3.2.2.1 商业整合地铁

1900 年以前，伦敦地铁的建设都在不同的公司下发展，因此，伦敦铁路局认为这样会影响地铁线路的建设和发展，所以有必要将他们整合起来。1940 年之后在城市新修了很多地铁车站，其中一个主要代表车站皮卡迪利广场站，这是贝克卢线和皮卡迪利线交叉的一个地铁站。设计师弗兰克认为地铁车站应该体现出现代、自信和适用，他把地铁车站的顶部设计为一个巨大的椭圆，下面为流通空间，替换了原有的自动扶梯，把新的扶梯延伸到地面平台上，和外面的皮卡迪利广场的高档购物街相连接，作为一个邀请乘客入场的动态地下环境。（图 6、图 7）

3.2.2.2 装饰色彩鲜明

"地铁车站如果没有不断发展和更新，那么可能整个城市就会失灵。"这是查尔斯·皮尔森倡导的大都会地铁的重要理念。他认为地铁给人们生活带来的最大效益是可以让当时居住在郊区的居民从外部的郊区进入城市中心上班工作，通过地铁让他们工作效益产生一个更大的社会效益。所以地铁在设计之初仅仅承载的是交通功能需求，在装饰方面很少花心思设计（图 8）。在 1900 年代这个时期的设计较多采用 2D 平面表现，没有阶级划分，也没有完整的设计体系。

直到 1979 年建设的贝克街 Jubilee 线（图 9），站厅层和站台层的装饰才有色彩鲜艳的装饰方案设计。其中最成功的一部分算是在贝克街地下站台区域，当

图 8 r·t·库珀海报展示古城的转换线，重建井与管创建汉普斯特德 乘地铁北线与现代风门,1924[图片来源: Oliver Green, The Tube Station to Station on the London Underground (Shire General) Hardcover .Shire Publications (October 23, 2012)]

图 9 Jubilee 线马赛克瓷砖 [图片来源: Oliver Green, The Tube Station to Station on the London Underground (Shire General) Hardcover .Shire Publications (October 23, 2012)]

时大胆尝试运用福尔摩斯装饰主题的新瓷砖来营造出一个完整的装饰站台空间，就算许多年回过头来再看这些设计仍然很时尚。

3.2.2.3 无装饰字体

1933 年，英国设计家亨利贝克 (Henry Beck) 设计了伦敦地下铁路的系统分布图，形成了系列化和标准化的导向系统设计。不仅如此，这个设计还运用到伦敦整个地铁空间系统的导向系统中去，这也使英国成为世界第一个正式在公共场运用无装饰线体的国家。

3.2.2.4 英国伦敦地铁站设计的重要意义

伦敦地铁设计对之后地铁车站的发展所作的贡献可说是功不可没。从 1960 年修建第一个地铁站开始，经历了 150 年的从设计初期到走向成熟这一漫长发展演变过程，而通过了许多设计师的不断努力和探索之后，无数个地铁站已经得到了时间的检验和事件的证明，才形成了今天这种有别于其他空间所特有的空间特性。这对地铁车站一体化设计主要有以下两个重大意义：

(1) 设计创新的前提依据

无论从装饰、商业、导向系统这些地铁车站的主要功能系统来说，各个功能的每一次转变和整合，都是在开创一种真正意义上的设计新形式，不仅仅是一种简单的对传统设计形式的完善和调整，还是对从对传统设计形式颠覆的开始。所以，我们应该看到促使地铁车站得以诞生的更深层次的背后的社会历史、设计思想和设计根源。这些成熟的地铁设计经验的探索不也正间接地向我们展示出国内地铁车站设计需要改进和探索的方向吗？

(2) 设计特征的推动作用

英国地铁车站的设计特征是地铁车站一体化设计的重要依据。实践经验表明，无论是在功能布局和空间整合上都为本国乃至全世界地铁车站提供了新的设计思路和设计手法，有效地推进了各地区地铁车站建设的快速发展和各城市快速发展的进程。因此，英国地铁车站设计是一体化设计的整体性发展重要的前提条件。

第4章 研究成果

本文立足于当前中国地铁车站一体化设计，回顾过去，立足当下，思考未来。

回顾过去，中国地铁车站正在经历快速发展的第二个十年，在国内比较发达的城市中，地铁车站设计出现了新的问题和危机，而地铁车站也处在原有的"功能型"模式过渡与转变到"一体化"模式的阶段。

立足于当下，地铁作为交通工具是一个承载出行与归途的纽带，地铁作为一个往来的空间更是传承精神与文化的中转栈。带着这些论点在研究中所提出的"如何满足未来地铁车站一体化设计"及"地铁车站一体化设计综合运用"的问题，是论文研究的核心，对地铁车站的设计具有重要的指导意义。

最后思考未来地铁车站一体化发展趋势，论文通过为当前地铁车站一体化设计所提出的观点与建议，在此简明总结：

4.1 舒适乘车和安全出行

"往来"是地铁的天性。地铁车站空间作为行为、功能和设施的载体，在整个空间体验中"人与车站的往来"和"人与人之间的往来"的关系，对营造车站的其他构成要素有着重要的影响。

从地铁车站基本"往来"的交通功能到地铁车站一体化设计的核心五位一体，再到整个空间或者延展到外部的感觉都应该是一体的。从这个角度来说，这样的一体化设计才能满足的空间形态的需求，优化不同地铁车站空间，成为舒适乘车和安全出行的前提条件，而一体化设计在未来的发展之路上也才会走得更加明确。

4.2 设计手法的创新

4.2.1 协同的领域设计

随着时代的发展，社会分工的细化，地铁车站设计不再是某个专业领域的个体行为，它还涉及不同设计领域的专业分工，必须有来自各专业技术的指导，甚至需要室内设计师、建筑设计师、平面设计师们的团队合作。所以，在设计的开始就要预判地铁空间的各种元素和功能的和谐统一。其中包括设计形式的统一、材料的统一、规划的统一和施工的统一等，才能确保地铁车站建设过程的准确无误和保证一体化设计的完整性。

4.2.2 整体的设计观念

地铁车站设计不再是单一的功能表现，而是整个地铁系统的核心部分；不是简单的空间设计，而是涉及环境学、建筑学、心理学等多种理论的系统空间设计，所以这对设计师提出了新的挑战。首先，地铁空间应该从城市的文化背景和生活环境出发，然后进行文化调研对地铁站本身和地面空间有一个整体把握，把它们作为地铁车站设计的基点。其次，要始终保持统一的一体化设计思路和设计观念，确定规划重点和路线分区，满足一体化商业、导向、文化、装饰、建筑五位一体的核心理念。这样才能形成一套完整的一体化的研究方法和设计理念，才能对地铁车站的总体设计进行理念支撑和手法创新。

4.3 网状的"一体化设计"模式

以前的地铁设计各个设计领域是单一树状的设计结构，现在已呈现出一种网状的设计结构，这样的设计路线的优势是既具有统一性和系统性，又具有灵活性和选择性。正如"一体"也不代表"单一"，"系统"也不代表"繁杂"，一体化有本身的系统性又在复杂多样的同时具有灵活性。

4.3.1 传统设计模——专业协调

传统的设计模式一般以一种设计方式为中心展开设计，其他相关机构进行配合，他们之间相互孤立，难以进行统一的施工和管理，造成资源的浪费。多个相关部门都涉于同一地铁空间容易出现施工环节协调不良、施工完后地铁站点舒适度较差的缺点。

4.3.2 一体化设计模式——专业整合

最新的一体化设计在地铁车站设计中则扮演一个"结合器"的角色，它将轨道交通枢纽内的各个设计部门有机衔接、统一管理，大大缩短时间和减少成本，设计师可以将地铁的交通功能和其他服务功能集中设计，有商业、导向、文化、艺术、建筑等，使它们相互协调又相互补充。因为地铁车站是一个综合性很强的空间，是人们工作和生活运行的"中轴"，所以只有实现多种系统在地铁空间统筹整合的一体化，才能朝着分工协作和相互配合的方向前进，才能实现综合交通的和谐发展。

致谢

  在论文撰写过程中，潘召南教授提出以"往来"作为地铁车站的写作线索，运用类比分析法和纵横分析法进行研究的方法，对我的写作和研究具有决定意义；还有姜峰老师要求从地铁车站"一体化"设计的角度出发，站在国内外优秀案例的层面重新审视思考国内车站设计的不足，对论文的研究也起到推进作用。这篇文稿凝聚着导师们的心血与我的思考，在此谨向潘召南教授和姜峰老师表示深深的敬意和衷心的感谢。

  感谢杰恩设计公司的领导陈文韬总经理和陈迅副总经理，将他们丰富的经验无私地传授给我，孜孜不倦地指导我，才形成了如今的成果。还要感谢整个地铁部和公司其他同事的帮助和支持。

  感谢四川美术学院和广田设计公司研究生校企联合工作站，让我有荣幸能到姜峰老师的杰恩公司参加此次的课题研究，来到一流的设计公司学习到一线的专业知识，这使我的研究生学习经历显得格外的意义非凡。

  同时，感谢王恋雨、周小雅、杨怡嘉、周永江、贾春阳、达发亮、王康等同学们在生活和学习上的关心和帮助。

  最后感谢父母和朋友们给予的理解与支持。

  为期八个月的研究生工作站生活即将结束，我将以此作为新的起点，继续探寻。

注释

①王敏洁.地铁站综合开发与城市设计研究.同济大学硕士论文，2006.

参考文献

[1] Oliver Green，The Tube Station to Station on.

[2] 地铁运营模式和中国大陆城市地铁发展.

[3] 地铁艺术空间.

[4] 中国城市地铁建设的现状和发展战略.

[5] 刘捷. 城市形态的整合. 南京：东南大学出版社，同济大学城市规划博士论文库, 2004.

[6] 童林旭. 地下空间与城市现代化发展. 中国建筑工业出版社, 2005.

[7] 王敏洁. 地铁站综合开发与城市设计研究. 同济大学硕士论文, 2006.

[8] 吴冰花. 与交通网络一体化的大型客运枢纽布局研究 [D]. 西安：长安大学, 2008.

[9] 李乾，董宝田，季常煦. 综合客运枢纽一体化建设的意义影响 [J]. 综合评述 .2009(10):1–2.

[10] 俞洁. 地铁空间导向性标识系统的设计理论与研究 [D]. 南京艺术学院, 2006.

[11] 张岩峥. 城市综合交通枢纽一体化设计研究与实践.

[12] GB 50157–2003，地铁设计规范 [S].2003.

[13] GB 50157–2003，地下铁道设计规范 [S].2003.

[14] GB/T 16275–1996，地下铁道照明标准 [S].1996.

[15] 世界地铁官网：http://mic-ro.com/metro/

[16] 伦敦交通局官网：http://www.tfl.gov.uk/

[17] 伦敦交通博物馆官网：http://www.ltmuseum.co.uk/

[18] 伦敦地铁公共艺术官网：http://art.tfl.gov.uk/

[19] 巴黎地铁公司官网：http://www.ratp.fr/

[20] 斯德哥尔摩地铁官网：http://www.sl.se/

[21] 迪拜地铁官网：http://dubaimetro.eu/

[22] 香港地铁官网：http://www.mtr.com.hk/

[23] 北京京港地铁有限公司官网：http://www.mtr.bj.cn

[24] 维基百科：http://zh.wikipedia.org/zh/

[25] 百度百科：http://baike.baidu.com/

[26] 互动百科：http://www.hudong.com/

[27] MBA 智库百科：http://wiki.mbalib.com/

行
环境设计学科研究生校企联合培养的探索与实践　第二季

Walking
Exploration and Practice of the School and Enterprise Joint Training
of Environmental Design Graduate　Second Season

广田导师组

探讨普适性在室内设计中的应用——以老年住宅为例 ◎ 周筱雅
Discussion on the Application of Universality in Interior Design—A Case Study of Elderly Housing / Zhou Xiaoya

『趣城计划』之趣座设计——社区空间座位设计研究 ◎ 周勇江
Design of Interesting Seat in "Interesting City Play"—Study on Design of Seat in Community Space / Zhou Yongjiang

当代居住环境中标准化设计的探索与研究 ◎ 贾春阳
Exploration and Research on the Standard Design of Contemporary Residential Environment / Jia Chunyang

装置艺术在酒店公共空间中的介入现象研究 ◎ 达发亮
Research on the Intervention of Installation Art in the Public Space of Hotels / Da Faliang

广田导师组方案效果图、手稿

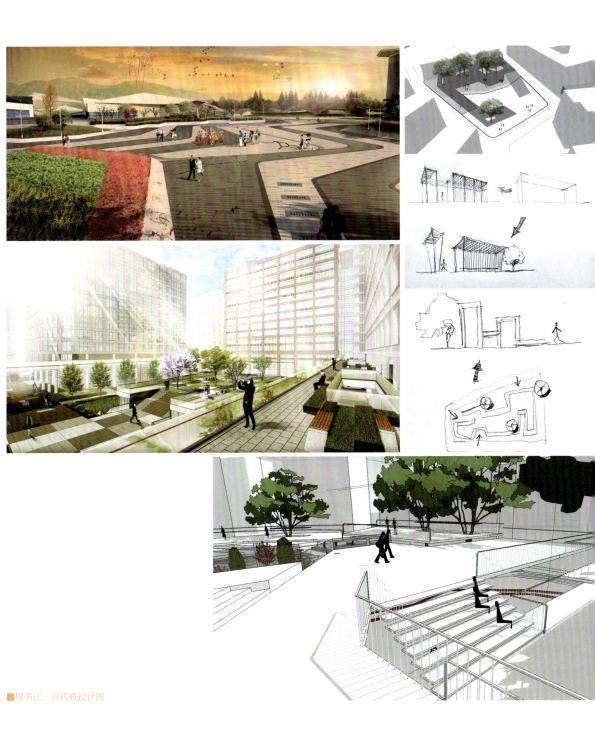

周勇江、周筱雅设计图

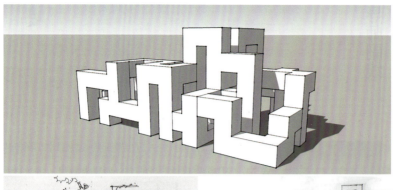

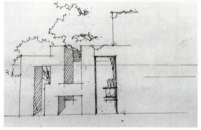
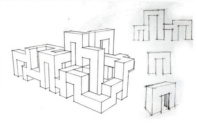

■ 贾春阳设计图

还可以传授工作经验，
他们发现自己的优势和
作为研究生如何运用研
项目，思考什么是设计的
从何体现？如何体现？教
他们的同时也在不断地思
改变什么……

学生们是否能以他们的
不得而知。只希望在未来
点点滴滴，汇聚成有益于
他们的成才之路。

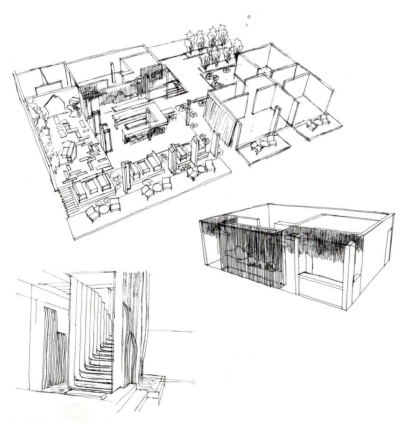

■ 达发亮设计图

肖 平
Xiao Ping

毕业院校：四川美术学院

工作单位及职务：深圳广田装饰集团股份有限公司副总经理，深圳市广田建筑装饰设计研究院院长、董事、创意设计总监

孙乐刚
Sun Legang

毕业院校：法国 CNAM 学院

工作单位：广田装饰集团股份有限公司

职务：董事、副院长、一分院院长（兼）

专业职称：高级室内设计建筑师

严 肃
Yan Su

毕业院校：瑞士伯尔尼应用科技大学建筑硕士，北京林业大学景观设计研究生

工作单位：深圳市广田建筑装饰设计研究院

职务：深圳市广田建筑装饰设计研究院副院长、五分院及园林景观分院院长

李 行
Li Hang

毕业院校：湖北美术学院设计系文学学士

工作单位：深圳市广田建筑装饰设计研究院

职务：深圳市广田建筑装饰设计研究院副院长、四分院院长

行　环境设计学科研究生校企联合培养的探索与实践　第二季

Walking
Exploration and Practice of the School and Enterprise Joint Training of Environmental Design Graduate　Second Season

探讨普适性在室内设计中的应用
——以老年住宅为例 ◎周筱雅

Discussion on the Application of Universality in Interior Design—A Case Study of Elderly Housing / Zhou Xiaoya

"以对国内外养老住宅案例的分析，发觉现有的城市老年住宅问题"

姓名：周筱雅
所在院校：四川美术学院
学位类别：学术硕士
学科：设计学
研究方向：环境设计
年级：2014 级
学号：2014110095
校外导师：广田导师组
校内导师：余毅
进站时间：2015 年 9 月
研究课题：探讨普适性在室内设计中的应用——以老年住宅为例

摘要

随着社会经济的发展，我国人口年龄结构正朝着老龄化迅速转变，养老成为当今社会无法回避的问题。而现有住房的建设和室内设计对于老年群体的居住需求并未得到有效的满足，仅仅是满足了最基本的居住要求，使用对象的局限性带来了住宅使用率的降低，随之形成的再次购房对社会资源造成了极大的浪费，给生态环境带来的伤害亦是不可逆转。

本论文所关注的是普适性在住宅室内而设计中的应用研究，使住宅能够满足多种使用者的需求，增加住宅使用率和使用年限，从而更好地服务于"在宅养老"的养老理念。本文从城市老年住宅室内设计研究为中心展开论述，以多学科的视角来探讨老龄化问题及老年群体特点。以对国内外养老住宅案例的分析，发觉现有的城市老年住宅问题。

文章着重普适设计分析老年住宅设计中应该注意的问题，综合普适设计的基本要点和普适设计对所有人群需求的分析，总结出为满足人生各个阶段使用需求，住宅室内设计需要遵循的各种设计原则。论文最后对适应老年居住而产生的住宅空间分割和现有旧宅的适老性改造等方面进行了有益的尝试。

关键词

老年住宅 普适设计 在宅养老

第 1 章　绪论

1.1 研究背景

1.1.1 我国人口老龄化现状

世界性人口老龄化的问题在人口老龄化快速发展的21世纪显得尤为严峻。《中国老龄产业发展报告(2014)》指出，中国步入老龄社会后人口结构变化规模大，老龄人口比重增加速度快。据中国社会科学院研究发布，2011年至2040年，我国人口老龄化将持续加速发展，预计到2030年，我国的人口老龄化程度将赶超日本，成为全球老龄化最严重的国家。（图1）

与发达国家的国情比较分析，我国未富先老的特殊国情意味着我国未完全实现现代化、经济尚未发达而提前进入人口老龄化，以发展中国家的经济实力水平应对发达国家水平的老龄化问题，这已成为我国当前养老面临的主要困境。因此，加强对老龄化社会和老年群体居住环境需求的关注，对我国国情的特殊性进行分析，对现代城市的主要养老问题进行研究，提出符合我国国情的老年住宅设计或改造理论，既是社会发展的必然要求，同时也是我国尊老传统的具体体现。

1.1.2 中国养老现状面临的问题

家庭养老和社会机构养老作为我国主要的两种养老模式，充分体现了我国养老现状的市场需求和国情现况。传统的家庭是将老人的养老问题全部由家庭自我解决，则由子女或亲属供养，这种供养关系实则是一系列社会服务行为，包括为老人提供所有生活物质需求直至死亡等，即"敬老、养老、送老"。

根据2011年第六次全国人口普查，我国60岁及以上人口占13.26%，与2000年的人口普查数据相比上升2.93%，65岁及以上人口相比2000年上升1.91%。这表明我国老龄化进程逐步加快。 图1反映出我国老年人口结构变化的规律。这些数据表明我国居家养老的压力越来越大，若不提前采取有效措施提高或改善老年人的居住情况，增强老年人的自理能力，待老龄人口发展达到高峰之时，养老问题将会成为社会发展的一大阻力。

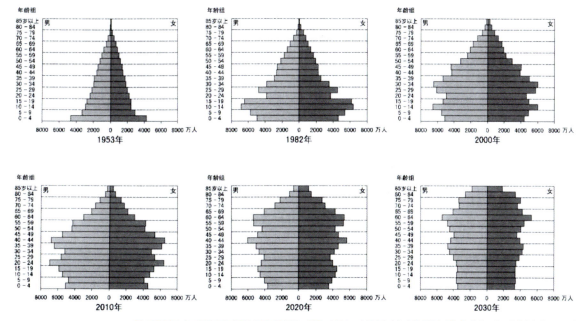

图1 我国老年人口结构变化（图片来源：张恺悌，郭平.中国人口老龄化与老年人状况蓝皮书[M].北京：中国社会出版社，2008.）

1.2 选题目的与意义

首次面向社会发布的全国第六次人口普查相关报告揭露了我国老年人口状况的许多重大问题，引起了社会和政府各界的重视。近年来各个经济较为发达的城市或地区陆续出现了不少以老年社区或老年住宅为主导的地产开发项目，但从经济角度分析，这些项目的高消费和对老人或家庭经济实力的要求都将老年住宅变成一种阶级消费。

另一方面，相较于欧美国家，我国的老年居住形态有很大的不同。老人居住在原有住宅中会有强烈的"家"的场所感和归属感，具有根深蒂固的养老由子孙照顾的传统观念。我国大部分老龄化城市对于绝大多数生活能够自理的老年人都愿意采取"在宅养老"的养老模式,即依靠老年人自身力量和家庭支持,同时也会借助一定的社会扶助。如此使大多数老年人可以通过"在宅养老"这一居住模式安度晚年。

本论文的研究重点立于普适设计之上,力图通过对老年人的居住特征进行分析,结合老年学研究,总结普适设计在室内设计中的参考原则,提出更有针对性的老年住宅设计和旧宅改造要点理论,从而为老年人创造一个更加合理、安全、便捷的居住空间,以增强老年人的自理能力,提高住宅使用率,降低再次购房需求,节约社会经济资源,达到实现绿色生态可持续的发展的最终目的。

1.3 研究现状综述

1.3.1 国外实践的现状和趋势

(1)日本老年住宅的设计重在多种人性化,突出自助自理。日本土地资源稀缺,人力费用高昂,因此住宅的现代化程度非常高,尤其是为老年人提供的住宅和公用设施,其设计考究非常高的安全性和便捷性,使得老人能够在独立使用时充分实现自助自理。

(2)德国老年养老居住模式主要为照料护理式住宅。这种理念是一个多种多样的动态立体概念:由不同领域的商家提供服务来体现多样性;在住宅小区内设立医疗护理点,提供全天或分时段的服务,这样一种立体交叉的服务系统来体现动态立体。

(3)新加坡老年住宅以"乐龄公寓"为主要代表。即在旧社区中兴建"乐龄公寓",为不同居住需求的老年人提供更多的居住选择。优势在于成熟社区中已完备的设施和便利的交通,但劣势也在于此资源充分利用产生的局限性,即对老年住宅的兴建有了更高的地区要求。

1.3.2 国内实践的现状和趋势

近年来,在我国开展养老住宅理论研究的同时,也对养老住宅社区的新建和改善方面都进行了有益的尝试。2011年的《中国老龄事业发展"十二五"规划》中鼓励社会参与养老机构建设,十二五期间新增各类养老床位342万张。目前,经济相对发达的各城市或地区都在大力加强养老服务机构或老年社区的完善和新建。

为迎合市场需求和国家政策，目前市场上已有的养老社区模式主要有三类：分置于普通居住区中的专用老年公寓或社区、专门的综合型养老院、结合旅游项目而产生的度假型养老院。

（1）普通居住区中的专用老年公寓或社区

在发展较为成熟的普通居住区中加入老年公寓，以楼栋或集中的套型，以及配套的一些适老化设施及服务，对整个社区进行适老化改造。相比专门的养老社区存在的居住人口结构单一的缺陷，这种居住形式更符合我国传统家庭养老习惯和观念，家庭的赡养功能得到充分发挥，同时降低政府的养老负担。

（2）专门建设的综合型养老院

专门的综合型养老社区居住对象仅为老人，通常选址在市郊，具有较大的规模，服务及各种配套设施齐全，能极大程度的满足老年人多样化的物质生活需求，但由于居住人口结构单一，会让老人产生强烈的与外界的"隔离感"。

（3）度假型养老院

该形式的养老社区最大特点是以城市独有的旅游特色为主体资源开发的养老社区。如在一些四季如春、气候稳定的城市建设的养老社区，同时根据当地的资源特色衍生各种相应的康复养生的服务产品，具有极强的时令性。

1.4 研究方法

本文针对老年住宅的室内空间规划设计和设施适老性改造，从交叉学科的角度进行研究，分析老年群体的各种特征，针对老人的生活、健康、生理和心理进行调研工作，汲取国内外优秀老年住宅设计的优点，结合相关设计研究实践，总结普适设计在老年住宅设计中应遵循的原则要点。主要研究方法归纳如下：

（1）交叉学科研究法。交叉研究社会学、人口学、老年学、居住学及室内设计等学科，探讨老龄化和老年居住的问题。

（2）实地调研法。随机选取地域，对当地老年群体采取抽样调查，采取问卷或访问的方式，并观察老年人的现有住宅使用情况，发现其缺陷和老人未得到满足的生活需求。

（3）分类总结法。在实地调研的基础上，对老年群体的特征以及其现有住宅特征和生活需求进行分类总结，了解该地区老人的居住医院。

（4）案例分析法。研究整合国内外的实际案例进行分析和比较，整理具有针对性和实践性的案例研究，用于指导设计实践与参考。

（5）资料归纳法。归纳整理国内和国外已有老年住宅案例的相关资料，以及各类人性化住宅和为人性化住宅而产生的设计案例，结合现有问题，用以指导本文的研究。

第2章　老年特征与老年居住特征

2.1 老年人的生理特征

人自出生起，身体的机能生长到鼎盛期为青年时期，到壮年时期开始进入衰老，随至老年时期，新陈代谢减慢，身体机能相继衰退，因此人在行为和生活方式以及精神上将产生许多改变，这些改变也许会转变成影响个人生活的不利条件，使人与生活环境之间的交互产生更多的障碍。

1870年末，Rolf Faster和Edward Steinfeld两位学者创造出了"能动者模型"（Enabler Model）（图2），基于对有可能造成行为不便的身体障碍进行分析，它归纳了环境对于残疾人的17个主要功能领域中所受限制的影响。（图2）

2.2 老年人的心理特征

心理学家们认为，人的健康包括生理健康和心理健康，生理机能的衰退对其心理必定会产生影响，反之亦然。老年人随着年龄的增长带来的新陈代谢下降、体质衰退后发生的健忘、焦虑、情绪多变、疑心和猜忌等多种心理上的负面问题。同时，由于退休后与社会的剥离以及家庭结构的改变，如子女成家、老人独居，

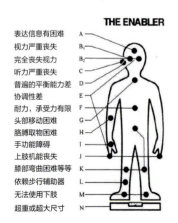

图2 能动者模型（图片来源：[美]John P.S.Salmen & Elaine Ostroff. 方晓风 译. 普适设计和可及性设计[J]. 装饰，2008(10).）

导致老人由于缺乏交流而产生孤独与空虚等负面心理，这些消极心理都会直接对老年人的身体健康产生不利影响，具体表现在以下：

（1）孤独感。面对突然结束的职业生活，子女和亲友因工作繁忙对老人精神需求无暇顾及，随之使得无所事事的老人产生孤独情绪，随着时间的推移孤独感日趋强烈，因此老年人此时对他人精神上的寄托和依赖将远远高于其他群体。

（2）失落感。离、退休前，工作是老人生活的主要内容，每天处于紧张忙碌的工作中使人有较强的满足感。退休后，除了生活方式的转变，活动范围也有了缩小，集体生活的结束到现在无所事事的个人生活，这种变化对老人的心理冲击则表现为失落感。

（3）自卑感。由于老人离退休后与社会生活逐渐脱离，会让老年人在短期内无法适应而产生"社会地位降低"的自卑心理和"老而无用"的消极情绪。

（4）抑郁感。由于生活节奏的改变，子女的无暇顾及，老人缺乏陪伴和交流，情绪极易受到波动，自卑、激动、敏感、焦虑，直至开始出现失眠现象。

2.3 老年人居住需求

（1）声环境。噪声对老年人在生理上、心理上产生的影响都是巨大的，其带来的干扰会对老人的生活产生诸多不便，易发生失眠、烦躁等恶性影响。

（2）光环境。自然照明和人工照明两种为室内光环境的定义。一方面充足的日照能减缓骨质老化，增强体抗力；另一方面，随着老人视觉功能的衰退，对光照的需求显得更为重要。

（3）热环境。老年人随着身体机能的衰退，自身的体温调节功能亦逐渐退化，对温度的感受会变得尤其敏感，冬天怕冷夏天怕热的表现较为明显。通常低温会导致人体抵抗力降低，对病毒入侵的抵抗能力减弱，因此冬季是老年人疾病的高发期，此时居住环境是否温暖且通风显得尤为重要。

（4）无障碍环境。由于老年人身体的协调能力的退化，住宅中一些不合理的设施存在的隐性障碍和威胁更易发生在老年人的独立生活中。无障碍环境要求对老年人人体尺度和生活习惯的研究，以此对居住环境加以设计考究，降低老年人对住宅使用的障碍和独立生活能力的限制。

本章小结

人口老龄化是社会经济发展的必然产物，本章通过对老年学的研究分析老年人的生理、心理和居住特征，为研究老年人的居住需求和旧宅改造提供依据，从根本上发现老人的真正居住需求，并将其融入设计研究当中，真正做到以人为本的设计理念。

第 3 章　国内外老年住宅现状及特征分析

3.1 我国老年社区设计实践分析

近年来，由于广泛的市场需求和在政策领导下我国对老年住宅设计理论研究的开展，新型老年住宅的开发建设在一些经济较为发达的城市得到了有益的尝试。如我国首家大型养老社区，具有示范意义的老年社区开发项目：北京太阳城。

作为国内首家示范性的大型养老居住社区，北京太阳城位于北京北部郊区的小汤山疗养区，占地六百多亩，这里临山近水，绿树繁茂，以住宅公寓结合综合服务设施的形式。

太阳城按园林式规划，建人工景观。住房种类的多样性为体现家庭式养老与社会化养老相结合。公寓管理模式为智能化管理结合全程化服务，配备家具智能监控系统、健康管理监测系统、个人智能沟通系统和生活服务便捷系统，分别对应各种配套服务。

太阳城为提供更好的养老服务，与医疗集团合作，配备智能管理系统，规模庞大，但其高昂的价格并非一般家庭所能承受，例如租住式的水岸香舍，五年居住权 60 平方米左右的套间加上每年的会费以及其他伙食和护理费用，一年的费用将高达十几万，这让养老也成了一种奢侈行为。

3.2 日本老年住宅模式分析

日本老年住宅以居住模式分为"两代居"型老年住宅和专门的老年公寓两类。

"两代居"是一种亲子家庭住宅，其在保留东方传统家庭模式的同时也适应现代社会对养老的需求，是一种新型居住模式。

以居住形式分为地方管理型和押金式住宅两种。第一种属于国家建设的社福利型专门养老机构，国家出资征用民间建设针对老年人使用设计的住宅，再给予老年人一定的住房补贴用于租住。第二种是由公社出资建设的地方住宅，以缴纳押金的方式为 60 岁以上的带有老年人的家庭提供使用权。

　　静冈县养老院为国家级的社会福利型养老机构代表，竣工于 2008 年初。建筑共五层，东西外壁由于使用了具有表情变化的耐候性钢材而富有十足的观赏性。建筑内部设有绿化，中庭栽满绿色植物并配备了长椅供使用者休憩，具有优良的住宿环境和服务设施。

　　近年来，日本受国家财政赤字的压力和对传统文化传承的影响，大力提倡在宅养老，让家庭养老成为主要养老功能。而这些都有完善的社会养老保障体系和政府为实施和支持出台的有力措施做支持，如在收入所得税和居民税上，65 岁以上老年人可得到部分减免，同时对于赡养老人的亲属也可得到部分减免。

本章小结

　　发达国家进入老龄化较早且经济实力雄厚，老年居住体系及政策发展相对成熟，取得了各式的成效。根据中日两国在传统文化和家庭观之间的相似性，以及两国的人口结构和经济发展的相似性，我国可借鉴日本老年居住体系的发展经验。本章通过对国内老年住宅和养老模式的分析，对比日本分析日本的养老模式，以此发现我国与日本的养老差异，取之所长补己之短，为下文解决问题做出铺垫。

第 4 章　老年住宅的普适性设计研究

4.1 普适性设计

　　普适设计又被称为通用设计，是 20 世纪 80 年代美国首先提出的一种设计思潮，它是一个发展中的设计学科，其建立于"可及性设计"的基础之上，关注人类多样的需求，创造一种能够服务于任何人的设计。它与无障碍设计密切相关，但经过多年的不断充实，普适设计已超越了无障碍设计，它的服务对象是所有人，力求创造各种人生活的空间，使人在一生之中的变化能力都能得到增强。

4.2 普适性设计的基本要点

普适设计在住宅设计中有以下要点：

1. 简单、直接。生活经验、知识、语言能力不再成为使用约束，任何使用者在所有情况下都能轻易理解和掌握普适设计的使用。

2. 公平。普适设计适用对象为所有人，任何人群都可受益，且同等对待。

3. 容忍度。降低偶然的、非故意的因疲劳或不合理使用可能造成的危险和负影响。

4. 灵活性。适应不同的个人习惯、喜好和行为能力。

5. 低体力消耗。使任何人都能够在最小运动范围和身体消耗下被有效和舒适地使用该设计。

6. 人体工程学。为任何使用者的接近、使用和操作提供适宜的尺寸和空间，不再因身体情况而成为限制，有无障碍条件存在都能轻易地使用。

4.3 普适性设计于室内设计的具体分析

4.3.1 色彩

色彩在我们所处的真实世界中占有非常重要的地位，据实验调查，色彩可以影响人的心理活动和生活习惯。色彩在室内设计中依靠家具、构件和墙体、地面、顶棚各种材料进行表达，主要表现在对空间视觉上的影响。例如深色的空间给人带来压抑感，浅色会在视觉上扩大空间，给人宽敞明亮的感受，鲜艳的黄色和橙色促进人的食欲，浅灰色系带给人内心平稳。

（1）色彩与视觉。鲜亮的黄色和橙色能够使物体轻易进入人的视线并引起注意，例如红色的报警器和灭火器。

（2）色彩与物理。色彩特定搭配可以表现出物体的温度感、距离感和体量感。如对黑色和白色这一对反差色，在作为地面铺装等大面积搭配时会造成人的视觉错误，让视觉衰退的人群产生不适感，甚至发生意外。

（3）色彩与思维。人的年龄、性别、教育、宗教信仰和生活环境等因素使色彩对人的记忆和情感发生不同的影响。男女性之间、儿童与老者对色彩的感知都有较大差别。

（4）色彩与光。充分的光照是色彩正确表现的前提，同时色彩也能影响光环境的变化。在同样大小和光照的空间里，浅色会在视觉上扩大空间，使人有空旷明朗之感，而深色则会从视觉上收缩空间，使人感到沉闷、压抑。

色彩给人带来的感受与人的主观条件有很大关系，随着人体各部分机能的衰退，视觉也会有相应的衰退，视力变弱、辨色能力降低，因此在利用色彩时要考虑到使用对象和使用目的，充分考虑不能正确认识色彩的群体，然后通过设计进行弥补。（图3、图4）

4.3.2 材质

材质是指构成物体的材料所表现出来的质感，它是物体组成成分的属性于物体表面在视觉上和触觉上的表达。粗糙的材质带来粗犷感，细腻的材质带来温柔感，轻巧的材质易于控制，厚重的材质使人感到沉重、有力。设计者能够通过材质的使用传递给使用者设计的情感，因此，材质在室内设计中尤为重要。（图5）

人们喜爱用石材作为室内地面的铺装，但光滑的石材易发生滑倒摔跤等意外，且给人带来冰冷的感受。而木材在温度的传导和材质弹性上，都有较大优势，在有老人或孩子的住宅中，应多使用木材做地面铺装，可以避免冰冷的石材带来的身体不适，减少意外滑倒摔跤的风险，并且较石材更有弹性，安全性更高。

日常生活中，人们多用钢化玻璃作为隔断推拉门的材质。钢化玻璃的优势在于物理坚固和安全性，碎之成颗粒不易对人体造成伤害。但钢化玻璃的重量使人体机能衰退的老人在使用时负重较高，推拉费力。日本在早年为改造旧宅适用于老人居住时，就使用PC板替代钢化玻璃作为隔断门的主要材质。PC板本身多用于警察防暴盾，在透明性和坚固性都与钢化玻璃一致的条件下，重量也减轻了很多，并且隔音耐热效果出色。将PC板代替钢化玻璃作为隔断推拉门的主要材质，

图3 西班牙巴塞罗那社会性老年公寓（楼梯部分）（图片来源：西班牙巴塞罗那社会性老年公寓．http://www.gooood.hk/_d275461475.htm）

图4 意大利Falcognana老年人中心（图片来源：意大利Falcognana老年人中心．http://www.gooood.hk/_d271710928.htm）

图5 首尔花朵幼儿园（图片来源：首尔花朵幼儿园．http://www.gooood.hk/flower-kindergarten-by-jungmin-nam.htm）

图 6 日本静冈县养老院（图片来源：网络）

更能体现普适设计的适用性，应是今后装修设计的发展方向。

在室内设计中，除了对空间功能的设计，材质的考虑也是对人文关怀的重要体现，设计师在运用时应多加斟酌。

4.3.3 户型和功能空间

（1）起居室

起居室又叫客厅，是日常活动最为频繁的场所，退休老人使用客厅的频率高过家庭其他成员，因此应从多个方面满足老人的日常需要。（图 6）

在面积上不宜过大，过大的空间会加重孤独感，容易让人产生负面情绪，尤其对空巢老人而言。（图 7）

家具的选择应照顾到老人体力的衰退，尤其沙发的挑选需额外注意其设计是否符合人体工学，是否能迁就老年人衰退的身体机能。一般情况下市面上的多数

图7 起居室示范（图片来源：周燕珉.住宅精细化设计[M].北京：中国建筑工业出版社，2008）

图8 卧室示范（图片来源：周燕珉.住宅精细化设计[M].北京：中国建筑工业出版社，2008）

皮质沙发硬度较低，过于柔软没有支撑度对于老年人的腰椎有不利影响，使老年人起身和坐下动作受力不稳，导致意外伤害。建议布艺沙发，因其具有适当的硬度，有助于老人受力起身或坐下，减少久坐后腰椎的疲劳感。沙发的高度应比普通沙发稍高，以人体工学标准，坐下后大腿与小腿间形成的夹角能在90度左右最为适宜，靠背的高度以依托颈部为宜，能够充分支撑老人身体，减少不必要的身体压迫。扶手设计的必要性主要从安全角度考虑，扶手的圆滑度和高度，能够让老人在起身或坐下时能够轻易地借助扶手撑扶而完成这一系列动作。

采光与照明应首先分析自然采光和优劣，再以人工照明为辅助，营造良好的光照条件。随着老年人的视力逐渐衰退，其对光线亮度的要求比年轻人高出2~3倍。因此，自然光照和人工照明之间的配合要得到充分的分析判断，自然光不能达到的角落以人工照明补充，同时要注意避免眩光，眩光容易使人早上视觉模糊、流泪等不适现象。

（2）卧室

卧室作为日常生活的主要休息场所，在设计时除了满足其基本功能需求，还应该考虑到需要看护的老人的特殊需求（图8）。老人身体机能的衰退，对温度的感受更为敏感，畏冷喜阳，因此卧室布置应朝南向，让自然光线充分落到床铺上。

相比私密性，老年人使用的卧室更注重安全和舒适，因此老人卧室的设计应该考虑更多安全性舒适性的设计细节。例如床铺分离，分床不分房既可以避免睡眠时彼此间的干扰，又可以做到两个老人相互照应，充分提高安全性和舒适感。床铺旁的书桌和床头柜可以购置较高的尺寸，台面稍大，既可以放置日常生活用品，还可供老人撑扶，桌柜抽屉可利用透明材质（如钢化玻璃、亚克力等）设置明格，便于查找内部物品。空调要避免吹向床铺及座位。在卧室空间处理上，要考虑到使用轮椅的老人是否有足够的空间通行和回转，并且避免在急救时担架的出入不便。

（3）厨房

对于生活能够基本独立自主的老人来说，厨房的利用率也是相对较高的。因此，厨房设计应是考虑细致周到的，重点则是确保老人能够安全、独立、轻松、高效

图 9 厨房示范（图片来源：周燕珉. 住宅精细化设计 [M]. 北京：中国建筑工业出版社. 2008）

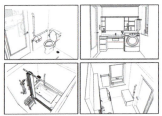

图 10 卫生间示范（图片来源：周燕珉. 住宅精细化设计 [M]. 北京：中国建筑工业出版社. 2008）

地进行一系列操作。（图 9）

厨房的空间尺度要考究，操作流线合理，理想的操作流线为"冰箱—洗菜盆—灶炉"。操作最便捷的两种厨房空间布局是 L 形和 U 形。橱柜门拉手的造型要圆润，且位置合理不宜太过凸出，避免造成意外的刮擦磕碰。下方的橱柜可以不用落地，留出容脚的空间。提倡增加中部柜，一是增大厨房储藏力，二是储物直观且便于放取物品。洗菜盆上方可置沥水托架。可在需要的位置增加设置扶手增加舒适度，老人可在操作时依靠，减少体力消耗。炉灶应考虑到老人使用安全设自动断火功能。

（4）卫生间

卫生间是居住空间中必不可少的功能空间，大多数情况下，卫生间空间相对有限，设施密集使用频繁，且容易出现各种安全隐患，如跌倒、摔跤以及突发疾病等事件。因此，在设计时应多从安全性角度考虑。（图 10）

尽量使用坐便器，蹲便器易造成血压不稳定、站起困难等不适感，坐便器旁设置 L 形扶手便于老人借力，减少体力消耗。坐便器侧前方设一到两个手纸盒，距离要能伸手可及。淋浴区隔断做到顶不利于空气流通，至少留 200mm 以上的间隙。老人洗浴如保持坐姿可减少体力消耗，因此淋浴区设坐凳为宜。若有浴缸需求，考虑到安全性，浴缸长度应为 1500mm 以内，高度不宜超过 450mm，否则跨入跨出时容易发生安全隐患。浴缸内侧设安全拉手，靠墙侧面设水平及竖向扶手，方便老人出入浴缸，且辅助站姿。盥洗台的尺寸不宜过大或过小，尺寸过大使用时伸手费力，尺寸过小操作不便，洗手池宜选择较浅的款型，台下留足够的空间给老人在坐姿洗漱时放置双腿。为吹风等小型电器的使用方便，可在盥洗台上方应设防水插座。

卫生间储藏空间不宜过多过大，导致拥挤，可在盥洗台上方设镜箱柜体，在墙面设挂钩、毛巾架、隔板和柜体，分层置物架、柜等以充分利用空间。

（5）阳台

家庭住宅习惯把阳台包于室内，考虑到老年人日常生活中对养护花草的爱好，和愿意亲近自然的行为，建议将阳台作半开放式的灰空间，使室内外环境有更好的交流。阳台除了提供休闲娱乐的功能外，主要功能还有洗晒、储放杂物等，因此在设计时还要考虑储物空间的合理分布。

首先，阳台与室内的地面高差不宜过大。其次，将洗衣晾晒的功能集中于阳台，可减少交通流线的多余和重复，避免老人因反复走动于沾湿的地面引起的意外滑倒。在晾晒衣架的选择上宜选择升降式，方便晾晒被褥。储物空间的分布可在墙面规划设置储物柜，充分利用墙面空间。

本章小结

本章通过对普适设计的要点及服务对象进行明确界定，对普适设计在室内设计中的使用进行深入阐释，以及对普适设计于住宅适老改造方面的应用细节进行细化统计，为后续对旧宅适老改造做出理论指导和技术支持。

第 5 章　旧宅改造型老年住宅普适性室内设计研究初探

5.1 独居老年住宅改造

采样老人基本信息一

性别：女

年龄：68

自理情况：完全自理

身体情况：肩周炎、膝盖关节炎、轻微白内障

日常活动：做饭、打扫、看电视、晒太阳、广场舞

生活状况：喜淋浴、住宅简单整洁、不喜欢软床、怕冷

家庭状况：与儿女分居

由此可知，老人在家中较常使用的空间为起居室、卧室、厨房和卫生间。因此在本例旧宅改造中，这四个空间作为优化重点。

5.1.1 现住宅分析

现住宅空间布局良好，采光良好，各个房间实现通透，开敞明亮，能够较好地满足老人喜阳的需求。

客厅地面为光滑石材铺装，易发生滑倒摔跤等意外。卫生间过道狭窄，储存空间杂乱不统一，淋浴间拥挤，干湿区混乱易发生意外滑倒。

缺少主要储藏空间，且现有储藏空间分布不科学，难以满足老人爱整理、打扫房间的生活习惯。

5.1.2 改造设计要点

（1）将起居室的地板铺装由石材改为木质。老人使用起居室的频率高，石材铺装过于光滑冰冷，且在阳光的折射下易造成眩光等不适感，改造成木质铺装更宜人居住。且石材地面平整，无须拆掉重铺，可直接在其表面铺设木地板，降低改造难度。

（2）将卫生间淋浴区的隔断推拉门改为软质布帘，增加淋浴区空间可变性，在淋浴区加设座椅，方便老人坐姿淋浴。盥洗台上方的镜子改为镜柜，台上方设防水插座，一是增加储藏空间，二是便于使用吹风等小型电器。

（3）考虑到家人来探，起居室沙发改为具有一定硬度的布艺沙发床，可供家人短住。

（4）餐厅使用率较低，考虑到家人聚会，做壁柜用于收纳，备折叠餐桌。

（5）厨房橱柜工作台面过高，降低台面，方便操作，增加中部柜做收纳，上部柜改为透明或半透明柜门，方便查找存放物品。

（6）撤掉卧室门口的置物柜，为以后轮椅需要留出回转空间。

5.2 两代居老年住宅改造

采样老人家庭基本信息二

性别：男

年龄：72

自理情况：基本自理

身体情况：痛风、高血压、轻微白内障、记忆力有明显衰退

日常活动：看电视、晒太阳、下棋、散步

生活状况：喜淋浴、不喜欢软床、怕冷

家庭状况：与小儿子同住，女儿女婿时常回家看望

老人性格外向且倔强，平日活动多为散步或在小区内下棋。与儿子同住，但其子大多夜归，白天忙于工作，因此老人平日多属独居。

5.2.1 现住宅分析

现住宅户型为三室两厅两卫一厨一阳台。门厅未设有坐凳供老人换鞋，对患有高血压的老人而言，换鞋时进行的大幅度蹲起和弯腰动作容易造成身体不适、血压增高。老人的卧室离日常多用的起居室、餐厅、厨房和卫生间分布不合理，路程较远，增加了交通线的繁复。厨房与餐厅联系不够密切，儿子不在家老人自己吃饭时，厨房与餐厅的不连贯增加使用障碍。卫生间内马桶旁缺少扶手或其他借力设施，在老人痛风时期使用极为不便。浴缸极少使用，且在浴缸中淋浴增加意外危险。

5.2.2 改造设计要点

在该住宅的优化设计中，主要将改造重点集中在起居室、老人卧室和餐厅三个空间上。

（1）门厅设置坐凳供老人坐下换鞋。

（2）将原来的起居室改为客房，用于女儿一家回来看望时的房间，原来的餐厅改为起居室，连接阳台，原来厨房对面的卧室改为餐厅，与起居室相连并打通，减短交通流线，增加沟通。

（3）将老人的卧室调至住宅活动的中心点，减短繁复的交通流线，加设60cm高的大台面床头柜，方便老人日常使用放置用品，同时在其起卧时能起到支撑借力的作用。

（4）卫生间的改造上安装安全扶手,在盥洗台附近加设挂钩、毛巾架和储物柜。

总结：两代居住宅的改造主要考虑两代人之间的交流需求，力图减少空间与

空间之间的交流障碍，减少老年人在家中的孤独感。在该住宅改造中，除了在空间上做出了优化设计，增加了老人使用住宅的便捷性，也在各个使用细节上做出了优化，提高了安全性，使住宅的可持续性得到提高。

本章小结

老年旧宅改造的主要目的是为了增加住宅的便利性和安全性从而提高住宅的使用率，减少二次购房带来的经济压力、资源浪费和对年老移居带来的不适。因此，旧宅改造要根据具体老人需求和家庭情况，结合老人的年龄、身体状况和自身的文化水平进行各方面的分析，从而满足不同老人的个性化需求。

参考文献

[1] 国家统计局. 第六次全国人口普查主要数据发布，2011(04).

[2] (美) 唐纳德·沃森等. 建筑设计数据手册 [M]. 北京：中国建筑工业出版社, 2007.

[3] 国务院关于印发中国老龄事业发展"十二五"规划的通知 (国发 [2011]28 号). 2011(09).

[4] John P.S.Salmen, Elaine Ostroff. 方晓风译. 普适设计和可及性设计 [J]. 装饰 .2008(10).

[5] 张天宇. 从日本老年住宅的发展看如何建立我国老年居住体系 [J]. 工业建筑 .2011(S1).

[6] 李鹏军. 日本家庭养老及其对我国的启示 [N]. 重庆教育学院学报 .2009(05).

[7] 日本建筑学会 编. 建筑设计资料集成——物品篇. 天津：天津大学出版社 , 2007.

[8] 日本建筑学会 编. 建筑设计资料集成——人体·空间篇. 天津：天津大学出版社 , 2007.

[9] 丁成章. 无障碍住区与住所设计. 北京：机械工业出版社, 2004.

[10] (日) 高桥仪平. 无障碍建筑设计手册：为老年人和残疾人设计建筑. 北京：中国建筑工业出版社, 2003.

[11] 元育岱. 老年人建筑设计图说. 济南：山东科学技术出版社, 2004.

[12] 姚栋. 当代国际城市老人居住问题研究. 南京：东南大学出版社, 2007.

[13] 史逸.旧建筑物适应性再利用研究与策略[D].北京：清华大学，2002.

[14] 胡仁禄.国外老年居住建筑发展概况[J].世界建筑，1995(3).

[15] 陈茗.日本老龄产业现状及其相关政策[J].人口学刊，2002(6).

[16] 孟圆华，任宏，吴耿.现阶段我国老年住宅发展研究[J].住宅建设与管理，2006(9).

[17] 周燕珉.住宅精细化设计[M].北京：中国建筑工业出版社.2008.

行
环境设计学科研究生校企联合培养的探索与实践 第二季

Walking
Exploration and Practice of the School and Enterprise Joint Training of Environmental Design Graduate Second Season

"趣城计划"之趣座设计
——社区空间座位设计研究 ◎周勇江

Design of Interesting Seat in "Interesting City Play"
—— Study on Design of Seat in Community Space / Zhou Yongjiang

"社会的发展使人与人之间的距离变得更近了，但是心与心之间的距离却被拉远了"

姓名：周勇江
所在院校：四川美术学院
学位类别：专业硕士
学科：设计学
研究方向：环境设计
年级：2014级
学号：2014120050
校外导师：广田导师组
校内导师：张倩
进站时间：2015年9月
研究课题："趣城计划"之趣座设计——社区空间座位设计研究

"趣城计划"之趣座设计——社区空间座位设计研究 / 周勇江
Design of Interesting Seat in "Interesting City Play" — Study on Design of Seat in Community Space / Zhou Yongjiang

摘要

21世纪，中国进入了高速发展的时期，城市化的建设造成了每个城市都千篇一律的感觉，且无差异性，城市之间和社区之间形成了许多小型空间。这些小型空间在规划城市的时候只是简单化的处理、单一性的处理，这也导致了人在这些社区空间中行为的单一性和无趣性。在这些空间里面我们使用频率最高的公共设施就是座位，座位的设计也是最被忽略的部分，大部分的座位只是整个区域的布置元素，城市规划者只是简单地把座位罗列到社区空间之中，而并未真正被设计过。人性化考虑的欠缺，无大众心理习惯的考虑，导致了很多在这些社区空间中的人们不愿意和朋友在社区空间中玩耍，也不愿意和陌生人交流。虽说社会的发展使人与人之间的距离变得更近了，但是心与心之间的距离却被拉远了。这种人与人之间的纽带的缺失，完全背离了"以人为本"设计箴言，同时在这个现代"高压"的工作中，使用者更容易产生负面和乏味的情绪。作为新时代的设计师，更有责任去注意社区空间的设计，更要去注重座位的设计，从而来消除了这些负面情绪，使人们更加积极向上的生活，让整个社区以及城市更加有趣，从而实现"趣城计划"。

关键词

简单化　趣味　积极　负面　座位设计

第 1 章　绪论

1.1 论文提出背景

1.1.1 宏观背景

当今社会，随着经济的发展，人们的物质生活水平越来越高，对精神生活的要求也随之提高，大众对设计的需求也日益增加。他们对一个物品的设计从原来的功能性向既好看又好用的方向发展，不仅从室内的家居设计、平时用的产品的设计、日常穿衣打扮的服装设计也慢慢关注一些社区空间的设计。现在的人们的工作压力也是比以往大很多，由于大部分工作生活都是在私密的空间活动且压力巨大，所以大众有走出家门到社区空间休闲的诉求，对社区空间的重视也是理所当然的。在社区空间中人们可以攀谈，可以看书，可以吃野餐，可以观察自然环境，可以晒太阳等，这些事情对于座位的设计要求都是不一样的。

但是现实是对于社区空间的设计，规划者们只是从城市规划，功能布局等大的宏观方面去考虑和设计公共空间，设计只是简单化、单一化，尤其座位设施的设计更是缺乏新意，单一乏味。座位只是作为一个必备的布置元素，而未被考虑它的设计，忽略了使用主体——人的使用感受，所以单一的设计使人们的行为也变得乏味，人们在高压工作中的消极负面情绪也将更难得释放。我们作为设计师就更加有责任和义务去改变这个现状，让乏味的社区生活变得有趣起来，这些社区空间也带动了城市的趣味，让人们的心情变得更加积极向上，从而实现"趣城计划"。

1.1.2 社区空间的发展史

社区空间的发源最早就是社区广场，它是人们在户外最经常活动，使用频率也是最高的场所。几百年前的社区广场更是有着较多的作用：了解实时新闻、同朋友交流休闲、日常生活用品的买卖、聚会餐饮、各种节气活动。随着城市现代化的发展，这些活动被各个功能具体的场所肢解，转移到专有的空间，比如买卖活动可以在超市中进行，聚会可以在商业体里进行，节气活动可以在游乐场中进行。原有的"社区生活"似乎随着城市进程所消失，但是真实的情况是：只是重组并没有消失。恰好，由于诸多的"社区生活"可在功能具体的场所里进行，再加上现代化的交流休闲手段的发展，电视、电影、电话、手机、网络等，而真正面对面的交流越来越少，那么在这个压力巨大，充满负面情绪的现代社会有更多的人渴望到社区空间休憩，即使只是坐在社区广场阶梯上吃午餐的休息，在阳光明媚的下午短暂地坐在喷泉旁边打磨光阴。

1.2 现状分析

1.2.1 国外社区空间及座位设计发展现状

从历史上看，国外的对社区广场的设计就十分重视，在欧洲的许多国家很大一部分社区广场是具有历史性的广场，而且往往是整个城市的艺术中心，比如法国巴黎、意大利的威尼斯这些城市。社区广场都是艺术性的代表，这些广场大多都是有非常长的阶梯和大的水池，这些长而细的阶梯或者水池边充当了座位的角色，这些座位都是伴随着建筑、艺术而生的，并在这些社区广场上添加了许多可以移动的现代性座位。这些活动性的座位也是遵循了场地的艺术特性而设置，同时这些座位设计也更加有趣。座位的设计让在此地休息的陌生人产生了关系，让人与人之间的关系更加紧密，在某些社区街道旁的座位设计也考虑得十分周全，这些座位都不是单一纯粹的座位，都与景观相结合，座位在使用时就是座位，在不使用的时候就是有趣的景观小品，并且考虑了人们的心理需求和大众的体验感受。这些都非常值得学习和借鉴。

1.2.2 国内社区空间及座位设计发展现状

在20世纪90年代，中国出现了社区广场建设的热潮。在这个建设热潮中，座位的设计就像是整个建设热潮中的一个布置元素而不是设计元素。没有设计更谈不上有趣，座位的设计不顾社区广场差异性的设计，都是千篇一律，不去思考周边大众的实际的功能需求，不去考虑人的心理需求，出现了大量未经过细致考虑的木质座位、石质座位。这些座位很多从建设完成到最后的报废可能就没有使用过几次，这都是对空间和资源的极大浪费。到了21世纪，人们也开始追求座位的艺术性和趣味性，许多广场出现了拟物化的座位设计，也受到了许多小孩子的喜欢，座椅的造型也开始有了设计，把座位的设计作为社区空间中一个重要的组成部分。虽然整体大方向的设计追求是对的，但是对于大众心理的考虑和大众行为习惯的考虑还是较少，依旧没有改变其单一性，乏味感。

1.2.3 国内社区空间座位设计存在问题的原因

总的来说，忽视了人的心理需求，忽视了人的生理需求，忽视了人的社会性需求。

利用设计心理学的说法就是在整个的公共空间的座位设计过程中存在着设计师模式、设计表现出的模式、体验者模式三个不同的模式，即设计师设计广场和位置时的构思、真正设计完成后所表现出的状态、使用者所看到设计后用自己的模式去体验这三个模式。这三个模式最主要的还是最后使用者的模式。但是在整个规划中，设计、施工、使用都是脱节的，都是相互的孤立的，使用者还是处于一个被动的接受者的状态，所以现实中的一些社区广场变成了"从这里走到另一地方途中费力穿越的空地"，座位也只是形同虚设，在社区空间中缺乏人与人之间的交流。

20世纪90年代初期，设计师只是把座位当作社区空间里的一个布置元素，忽略的座位作为最简单的休息设施，作用远超过广场其他的基础设施，没有真正考虑过使用者坐上去是否舒服，它的造型是否美观，是否跟整个空间搭调，它的设计是否能增进人与人之间的联系让人们更加快乐，它的布置是否符合人的心理需求。到了21世纪，设计师也开始注重设计的造型，但是设计师也只是在关心设计图纸是否靓丽，效果是否让人眼前一亮，过多考虑的是自己或者同行的眼光，而最后还是把人的内心感受和心理情绪这个最重要因素忽略了。

1.3 研究的内容及意义和方法

1.3.1 研究的内容及意义

从景观设计和工业设计两个方面入手，通过对现有的设计理论和实际案例进行分析、归纳、总结，探索社区空间座位设计的发展方向，以及座位设计的人性化和趣味性，归纳现有座位的优点与不足，找到适合不同社区空间的座位设计营造方法，让公共空间中的座位更好地为大众服务。

1.3.2 研究方法（理论研究—对比分析—实际分析）

利用景观设计和工业设计两方面的知识点，再加上比较分析不同社区空间条件和不同人群心理的方法进行研究。通过对现有理论的资料的归纳总结，借鉴有关的研究成果，再加上国内外社区空间座位设计的现状分析，提出论文框架。通过对实地的观察分析总结收集第一手资料，并分析和提出建议。

第 2 章 造型、颜色、材质与趣座设计的关系研究

2.1 造型与趣座关系

2.1.1 几何类（图 1）

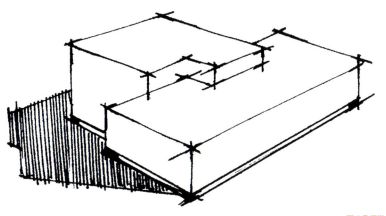

图 1 几何类

纯净的几何形态造型是最省时、省工、省本的设计，几何形态作为自然万物的抽象形态，采用了数学里面的点、线、面等元素组合而成。几何形态为中心的设计革命是以立体主义、结构主义、未来主义、风格派现代主义运动交替进行的，所以几何形态常常用来表达现代主义的设计。纯粹的几何造型给人带来的是严谨严肃的感受，所以单纯的几何造型只能带来较少的趣味性，在趣座就需要对单纯的造型进行改变，主要方式就是把简单的几何造型主体（圆柱体、长方体等）进行简单加法减法处理而成，或对几何形态进行渐变、抽离、分解、重组，这样带来的视觉冲击力就让人觉得有意思、趣味。

2.1.2 曲形类（图2）

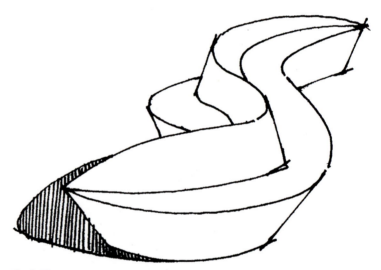

图2 曲形类

安东尼·高迪曾经说过："大自然是没有直线存在的，直线属于人类，而曲线属于上帝。"这也表明了曲线的设计非常不同于直线，设计的难度也是更大。讲到现在的曲线设计就会想到扎哈·哈迪德的曲线运用，北京SOHO就是其曲线设计的代表，里面的座位设计就是运用了曲线，其座位就是曲线不规整的和整体空间风格保持了一致，曲线的造型给人的心理感受更加柔美，也更能吸引人去使用座位，这样的座位亲和力大大增加，人们的在座位上逗留的时间也会随之增加，人与人之间的交流也会更加顺畅，但是它的设计成本相比几何形要更高。

2.1.3 仿生类（图3）

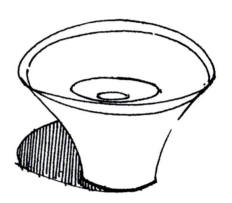

图3 仿生类

仿生类设计是仿生学和设计学两个学科交叉所形成的一个学科。为了满足不同的需求，设计慢慢地不拘泥于传统的束缚，在大自然中寻找灵感，仿生设计的座位大多造型都十分可爱，颜色上也非常明快。所以，它的趣味性跟它的造型一样显而易见，是几种造型里面最为有趣的和活泼的，非常受孩子的喜爱。这种设计在社区里面儿童活动空间较为常见。这是较为粗浅的仿生设计，还有一类就是抽象型的仿生设计，他们不是纯粹地模仿生物的形态，而是对生物进行抽象再设计，在设计感上更能符合成年人的审美心理需求，也是成年人最能接受的趣味性。

2.1.4 融合类（图4）

融合类的座位设计，不是单一的直线或者曲线，是通过不同的设计风格和不同的功能进行融合与重组，风格上融合了曲线、直线、仿生，同时再加上渐变、抽离、分解等设计手法。风格上更加灵活多变，在功能上也更加多样，它可能将灯具和树池结合在一起。它的趣味性大多在于功能的多样化，能在功能上满足使用者的多种需求，而不是单一的座位，在使用的时候是最受欢迎的。在人多的社区，这类融合类的座位更能让人放松，让人更容易进行交流，同时在社区的街区也可以跟贩卖书报的小店相结合。

图4 融合类

2.1.5 辅助座位类型（图5）

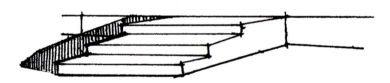

图5 辅助座位类型

　　人的行为习惯，累了就想马上坐下休息或者倚靠在什么东西上面，所以并不只是坐在真正的座位上面，他们也许会坐在台阶上、花台边、木桩上。在这些位置上一方面提供了身体重量的支撑，缓解了行走的疲惫，另一方面带来了空间上的占有感和心理上安全感。这些地方不是真正意义上的座位，但是充当了座位的作用，比如阶梯或者花池，他们的视野或许比真正的座位更加明朗，同时也能完成"坐"这一动作。这一类辅助的临时性"座位"可能是通过设计也或只是偶然而形成。

2.2 材质与趣座的关系

社区座位不同的材质给人不同的心理感受，这也间接地影响了人与人的交流。我们要根据座位所属社区空间的不同属性去设计座位的材质，这样才能满足不同的使用人群。

木材：木材给人的感觉是最为天然环保的，它有着良好的可加工性，其表面的纹理具有天然的装饰效果。它的导热性也是比较差的，所以它的舒适程度也是几种材料中最舒适的，具有冬暖夏凉的优点。同样作为天然材料也是最环保的，最能让人接受和放松，这使得社区陌生人的交流也更加顺畅。但是它的保养相对于石材的座位也更加麻烦。

石材：石材给人的感受最为踏实稳重但是冰冷，不适合人长时间坐。它质地较硬，能抵抗阳光的曝晒、温度的变化、湿度的变化、酸碱的侵蚀、日常的磨损。所以它的维护成本也是最低的，耐用性也是最好的。几百年的石材座位也一样可用，石材打磨后的表面光滑整洁，加上花纹的雕刻，就有着很好的装饰性。但是它最适合做几何造型，单纯的几何造型过于严肃，所以就需要对几何形态进行渐变、抽离、分解、重组，使之成为景观小品，这大大增加了趣味性。

金属：金属给人的感觉也是冰冷的，但是造型上好于石材，所以能通过造型给人带来艺术感和趣味性，是景观小品良好的载体，可以根据需求做出各种造型来满足社区大众的审美情趣。

塑料：塑料材质才出现没有多久，它现在的使用也越来越广泛，是现在最流行的一种材料。但是塑料能给人一种更加柔和的感觉，同时也给人一种较为廉价不可靠的感觉。新型的塑料慢慢克服了这几个缺点，最为熟悉的就是玻璃钢(FRP)亦称作GRP，即纤维强化塑料。它的可塑性是几种材料里面最为突出的，可以根据各种设计要求进行塑形，它材质较轻，却有着金属一样的强度，还有着很好的耐腐蚀性。加工工艺也较为简单，一次成型，经济效果突出，尤其对形状复杂，不易成型的数量较少的设计产品，更突出它的工艺优越性，但是整个塑料的表面也是几种材料里面最容易刮花变脏的，所以并不适合社区人群密集的地方。

2.3 颜色与趣座的关系

色彩作为设计的一部分，某些设计师在设计时，通常是在整个造型设计完成后再进行色彩搭配，重视程度低于造型，但是实际上色彩同样跟造型也有着重要的作用。在看到设计的一瞬间，色彩跟造型就对使用者心理产生了影响，而且色彩对人的心理影响比想象中要大很多。人体的内分泌系统能被不一样的色系所影响，使内部的荷尔蒙降低或升高，让人的情绪产生波动。通过实验我们得知：红色系能让人活跃或警示，黄色系能让人振奋，绿色系让人放松，紫色系让人压抑，灰色系让人沉着冷静，白色系让人明快，褐色能减轻孤寂感，蓝色能让人有冰爽感。男人比较倾向于沉着冷静的黑色以及蓝色系，女性较倾向于彩色和粉红色系。我们在对座位进行色彩搭配的时候，要根据所在不同的社区属性和其位置来进行搭配，如大部分以年轻人为主的社区，颜色就需要更加明快简洁，如社区里小朋友常玩耍的空间，就需要采用较为鲜艳的颜色去吸引小朋友。如果社区以老人为主，颜色就需要更加柔和，要增加趣味性，也只加一点明快的颜色点缀就足矣。

第 3 章　大众行为习惯分析

3.1. 基本行为"坐"的需求分析

3.1.1 短时间的坐

如果需要安置的座位是在社区的出入口附近，或者平时很少人聚集的地方，那么这些座位都是在此地短暂停留并不需要多么舒适的位置，行动重心是在这个空间的功能上，座位起个短暂停留的作用，所以并不需要多么舒适，在设计上就偏向于功能，可能只需要一个装置性的栏杆就可以了。

3.1.2 随性的坐

使用者并不是有意或者事先计划好在座位上停留，只是偶然的来到这个位置，这种地方或许是社区的某个街道或某个小角落。使用者停留时间与使用者接下来的行为有关，所以时间可长可短，随机性比较大。在设计上就比短时间的座位要舒适，对造型的需求也更加明显。可以根据所在社区特点去设计，风格性能更强。

3.1.3 长时间的坐

使用者的目的就是"坐",所以整个座位的设计就是以舒适为主,这种座位的布置一般都是群组性的,长时间坐大多都不是单独的使用者,大多以多人聚在一起进行娱乐活动,所以它们的群组性的布置较为讲究。且座位设计的开放性和包容性也更强,所谓包容性和开放性就是它们的设计是绝大部分人都能接受的风格,而且单个座位的设计上的使用者可多可少。

3.2 多种行为特点需求分析

3.2.1 人看人("看与被看"的特点)(图6)

人看人,这是人与生俱来的天性,大众平时在休憩的时候总是喜欢趴在窗前看窗外的风景,不自觉地把目光投向牵着小孩的母亲或者在路边坐着聊天的人。当我们坐在公交上,眼睛也不自觉地向外看,看的还是车外行色匆匆的路人。在这系列的活动中我们都不自觉地把目光投向人,这种无目的的看就是一种"人看人"的天性。我们在看别人的时候,在旁边高楼某处同样也是有人注视着我们,很多咖啡馆就利用这一行为习惯来布置座位,把一排独坐的位置面向窗外。这种行为习惯在布置一些公共空间时候尤为重要。在一些社区空间,如社区的活动广场,在篮球场旁边的座位要比其他地方的座位要更加受欢迎。所以,这些可以便于"看人"的地方应该多设置几个位置。在球场旁边的视线好,地势较高的位置也更加受欢迎。

图6 看与被看

图7 私密空间

3.2.2 独处(私密性的特点)(图7)

私密性是一个人最基础的心理需求,私密性可以让使用的行为更加随性,而获得个人感;可以让使用者心情放松更能表达自己真实感受;可以与他人保持距离,去除外界干扰。如:想要独处的一个人或者情侣之间,这时候的座位设计在位置选择和周围环境的处理就显得尤为重要,私密性的座位追求的是周围环境的隐蔽和空间的围合。隐蔽和围合同时也需要一个度,不能隐蔽得不易被人发现,会导致使用率的降低;空间不能过于封闭,会让使用者感到压抑,以至于使用者的安全感丧失。

图8 交往空间

图9 聚集空间

（注：图6～图9摘自《大众行为与公园设计》）

3.2.3 交往（多人沟通性的特点）（图8）

交往，人作为最具代表性的群居动物，与人交往是我们每天都必做的事情，而我们日常交往一般都是在座位上进行交往，交往带来了一系列的行为，这些活动包括聊天、饮食、观看美景、简单的活动。在设计座位时，就应该把这几种连锁行为考虑进去，一般会有饮食的行为的都是三五成群的中年人，或者带有孩子出来玩耍的家庭，他们的需求的座位一般为开放性比较强且能被阳光照到的区域，座位的布置成群组状。

3.2.4 聚集（群体聚集性的特点）（图9）

前文提到了多人的交往与沟通，当参与的人数增加时就变成了群体的聚集性，比如一起观看空地上的表演，或者是个小型的聚会。这时候座位的设计需求就是满足群体的就座，所以座位的设计就需要减少单独的座位，增加连续性多人的座位，但是过多的座位设置在没人使用时，会显得更加空旷，而且使用率也不会很高，所以就需要设计"临时性"的座位。"临时性座位"并不一定是真正意义的座位，光滑的长条状花池也就能充当，或者一些具有座位功能的小品。

第4章 不同年龄需求分析

不同的年龄层看待事物的方式不一样，追求的东西也不一样，行为习惯理所当然也有所区别。当我们设计座位的时候，就要预先判断出在该社区周边使用率最高的人群，然后再根据他们不同的心理习惯去分析设计。

4.1 婴幼儿、儿童需求分析

婴幼儿、儿童一定是随着家长一起出现，他们对座位环境的要求很高，如能晒到太阳、有一大片绿地等，同时座位也成群组，能让多个家长进行交流。但最主要的需求就是能让家长随时看管自己的孩子，给家长带来安全感，儿童玩耍的地方与座位之间不能过远，必须在家长的视线范围内，孩童玩耍场地和座位之间不能有遮挡物。

4.2 青年需求分析

年轻人天性较为活泼，无拘无束，他们更愿意选择360度无遮挡的开敞式座位，不仅符合他们好动的天性，也能与朋友更好地交流，在他们这个年龄阶段渴望得到人们的关注，对于私密性的要求是最低的。

4.3 中年需求分析

中年人使用座位的行为大多附属于所在空间的功能，所以对于座位需求的包容性是很大的，他们对于私密性或者开场性的要求没有其他年龄段那么多。由于他们的阅历和品位，所以对座位的美和艺术性的要求更高。

4.4 老年需求分析

由于身体的原因，老年人对于座位的主要需求是舒适性，他们更偏向于有背部、手臂支撑的座位，更偏向于安静的环境，对环境的私密性也有一定的要求。

第5章 微气候的因素分析

人们在选座位的时候，会根据座位周边的环境进行筛选，这些因素可以称之为微气候，不同的日照、风向温、温度等都会影响人们对座位的选择。

5.1 阳光因素

大众在选座的时候倾向于比较宽敞，能接受到阳光的座位，一些以休闲放松为目的的使用者尤为明显。在夏季或者日照特别厉害的地域，大树下阴凉处或者临近建筑的遮蔽的座位更受欢迎，所以在不同的地区，一定要考虑所在区域的日照情况来布置和设计座位。

5.2 风向因素

一年四季的风向和强度各不相同，在炎热的夏天，大众比较喜欢迎面吹来的风带走热气，选择在两栋大楼之间通风口的位置。但是在一年的春、秋、冬季大部分的时间里，还是更加倾向于从侧面或后面吹来风，所在设计座位的朝向时候一定要注意所在空间的风向和座位附近的遮蔽物。

5.3 温度因素

在温度高于 12.7 度的时候，公共空间闲坐的人数就会明显增加，所以在大众最喜爱的午休时间段，区域温度保持在 12.7 度左右的情况下，应多设置一些 360 度无遮挡的开放性座位。区域温度高于 24 度的时候，就应该多设置一些顶部有遮挡的座位，座位的围合感就要进一步降低，给人以放松凉快的感觉。区域温度低于 12.7 度的时候，座位的设计就要注意围合感的营造，来减少风对使用者的影响。

5.4 声音因素

在一个人独处或者多人交往的情况下，比较偏向于安静无噪音的环境来放松自己；或者比较喜欢自然的声音，在河边聆听潺潺的流水声，在树下感受风吹树叶的沙沙声以及花鸟虫叫。在人看人或者多人聚集的时候，就比较倾向于有点热闹、有点小噪声的座位。

5.5 时间因素

通常在一天的时间里面，根据人群的分散程度分析，早上最受欢迎的是公园的座位，上午是小区的座位，中午是公司楼下的小广场的座位，下午最受欢迎的是商场的座位，傍晚最受欢迎是广场的座位。

第 6 章 实际案例分析

以深圳大学座位设计为例：

图 10、图 11 为深圳大学的一个小型休闲空间，位于小东门。

图 10 小型休闲空间 1　　　　　　　　　　　图 11 小型休闲空间 2

优点：整个休闲的公共区域通过高差与周围环境相区别，形成独立的空间，又通过植物、栏杆、实体矮墙再分割为几个小的区域，让几个小空间相互联系又相互独立。座位的布置根据整个休闲空间而设置，座位坐面采用防腐木，基座采用水泥，长条状的座位与树池结合较好，座位背后的矮墙树池也给使用者营造出安全感与私密感，而且座位前面的小块空地也给成群的使用者提供了活动空间，设计较为合理。

缺点：此休闲空间与校园班车乘坐点相距 30 米，大部分经过此地的使用者为来往的深圳大学学生，其目的是出学校乘坐地铁或者回学校乘坐班车，大部都是短暂在此地停留而很少进入这个休闲空间，加之此休闲空间位于校门附近，距离学校中心地带较远，其他潜在的使用者也较少，所以此休闲空间座位的使用率较低。

图 12、图 13 为深圳大学的教学楼南侧的座位。

图 12 校园座位 1　　　　　　　　　　　图 13 校园座位 2

优点：造型和所有铺装相都相互呼应，而且造型自然，高低错落有致，与在周围环境十分融合，在没人使用时，也为绿地里一个小品。深圳又为亚热带海洋性季风气候，日照多，气温高，座位设置在大树下为使用者提供了庇荫挡风之处。

缺点：座位位于主干道路的旁，周围过于空旷，无小灌木或其他遮挡物，使用者缺乏私密感。

图 14、图 15 为深圳大学图书馆下层空间的辅助座位。

优点：座位为长条状的石阶梯，阶梯和绿草坪相结合，既可以是绿化也可以作为座位，整个阶梯位于道路一侧的下沉空间，下层空间与道路水平上分离，形成了独立区块，让来此看书的学生能闹中取静，并具有一定的私密性。

缺点：没有便于上下的梯步。

图 14 辅助座位 1　　　　　　　　　　图 15 辅助座位 2

第 7 章 社区空间趣设计总结

随着时代的变迁和经济的发展，形成了千篇一律的城市空间，很多小的社区空间被城市建设者们所忽略，只是把这些小的社区空间简单化、单一化的处理。设计上的简单化，导致了使用者行为上的简单化，从而让人与人之间缺乏快乐的沟通，使用者的感受更加乏味。我们作为设计师必定要重视这些问题，为城市的建设做出贡献，所以不能再忽略这些空间和座位，要从使用者的角度出发去设计座位，从而增加趣味性，让人们能积极地去面对生活。

　　日常生活中，不管是树桩还是栏杆也能称为"座位"，因为它们满足大众休息的需求，这就是其座位的基本属性功能——满足使用者"坐"的需求。在满足了功能性的需求后，还有是否能让使用者感受到舒服，在人机工程学上是否考虑得当，是否考虑了前文所提到的多种大众行为心理的需求，是否满足不同年龄段的需求，即人性化的考虑。物质生活的提高，大众的审美需求也随之增加，对于社区空间座位的造型也变得越来越重要。座位的美是造型上的美，不是独立的美，是符合周围环境的美，是符合空间风格形态的美，而且这种美是带有趣味性的，能让使用者的心情充满愉悦，能消除消极的情绪带来愉悦的感觉。艺术性的追求是建立在前面几个要求之后的也是最高层面的追求，座位的设计不仅符合审美，它能在所在社区空间也能成为景观小品，能让周围的区民去欣赏它，而且同时又体现所在区域城市的人文精神的一种意识形态。

参考文献

[1] 唐纳德·A·诺曼. 设计心理学 [M]. 北京：中信出版社 ,2015.

[2] 唐纳德·A·诺曼. 情感化设 [M]. 北京：中信出版社 ,2015.

[3] Albert J. Rutledge. 大众行为与公园设计 [M]. 北京：中国建筑工业出版.

[4] 诺曼 K ·布思. 风景园林设计要素 [M]. 北京；北京科学技术出版社 ,2015.

[5] 卡罗琳·弗朗西斯. 人性场所——城市开放空间设计导则 [M]. 北京：中国建筑工业出版社 ,2001.

[6] 约翰·西蒙斯. 景观设计学——场地规划与设计手册 [M]. 北京：中国建筑工业出版社 ,2015.

行
环境设计学科研究生校企联合培养的探索与实践 第二季

Walking
Exploration and Practice of the School and Enterprise Joint Training of Environmental Design Graduate Second Season

当代居住环境中标准化设计的探索与研究

Exploration and Research on the Standard Design of Contemporary Residential Environment / Jia Chunyang

◎ 贾春阳

「住宅的个性化形态是客户需求的一种体现,是客观发展的必然趋势」

姓名:贾春阳
所在院校:四川美术学院
学位类别:专业硕士
学科:艺术设计
研究方向:室内设计与景观设计研究
年级:2014级
学号:2014120046
校外导师:广田导师组
校内导师:许亮
进站时间:2015年9月
研究课题:当代居住环境中标准化设计的探索与研究

摘要

随着中国经济的迅速发展、农转非的不断推行、城镇化建设在全国范围不断迈进，对于城市住宅的需求在经历了一段时期的直线增长后开始趋于比较稳定的增长，住宅的建设也开始转型进入了产业化的生产阶段。传统的从设计到开发再到最后施工的小规模开发模式已经逐渐成为房地产企业在当今住宅产业化发展道路上的瓶颈，难以达到实际的产业化的快速发展。为了解决当下个性和同质的矛盾，设计师和建筑师开始着手研究国内外案例，总结经验找出解决办法。作为体现决定意图和产品主体架构建筑师和设计师做出策略性的改变，以更好地适应大规模、高效率的建造模式。将建筑模式与标准化的设计模式和产业化的生产模式相结合，以达到缩短施工周期、提高住宅品质、减低运营成本的效果。伴随着生活水平的不断提高，各种各样的社会因素和人为因素对于住宅形式的影响开始变得越来越重，这就让设计师开始深思：我们所研究的标准化设计框架是否适应当下人群所需要的居住形态，既能满足人群的个性化需求又能满足建筑的共性的根本。

论文从基本理论的阐述入手，论述了标准化及标准化住宅的概念和在当今住宅环境中的发展趋势，列举主要国家在住宅设计中标准化设计的运用和模式，并回顾标准化设计在我国住宅环境中的发展历史。在这个基础上分析了标准化设计在建筑发展史上的尝试和发展以及在实际运用中的优缺点，提出标准化设计和方法创新相结合的理念，建立一个可以适应市场变化的模式。

关键词

标准化　居住环境

第 1 章　绪论

1.1 研究的目的和意义

在社会生产力和经济高速发展的同时，我国城市化建设的普及程度也飞速前进。城市化建设是我们国家持续增长的经济和现代化进程的核心革命之一。改革开放以后，中国逐渐取消了对人口流动的限制，农转非政策的实行，极大地加快了城市化建设的速度。

根据相关调查表明，中国近一半的人口居住在城市中。根据城市建设的普遍性规律，我国大部分沿海城市城市化水平已经普遍高于 30%，可以说已经进入了快速发展时期。改革开放后的几十年中，我国在集成化住宅的建设和研究已经得到了长足的发展，促使房地产企业在住宅的建设上不断推陈出新。标准化设计有利于统一质量、提高人工利用率以及降低建筑成本，能够在一定程度上减低施工时间；再者，标准化设计是装配化施工的先行条件，要实现产业化施工，就先要完成建筑部品的标准化、成产的标准化以及施工方式和验收的标准化。

1.2 国内外研究现状

在整理相关资料时，关于住宅标准化设计做专门研究的文献很少，基本都是研究产业化住宅或者是标准化所涉及的相对的领域，大部分以论据的形式出现，所以本文的参考文献以准化设计和室内设计的学科领域的专业资料为主。

1.2.1 住宅产业化

对于住宅产业化领域的相关著作还是比较多，由张晓姣所著的《对住宅产业化的思考》（2007.12）是相对详细的文献。在文中，从经济、建造技术以及后期的经营管理等多方面详细地对住宅产业化进行了全面而深入的研究。研究了住宅产业化早起的发展模式和整体的组织管理体系，以及住宅产业化标准件的生产、产品体系以及施工技术的支撑等做出了整体系统的梳理。由哈尔滨大学管理学院李忠富教授所著《住宅产业化论——住宅产业化的经济、技术与管理》（2003.11.1）是一本承前启后的全方位研究住宅产业化住宅领域的文献，总结了产业化住宅在我国发展的历史并通过总结国内外对于产业化住宅发展，结合我国实际情况提出了合理的运营机制。在本文中所提及的住宅产业化相关的观点和体系等方面的研究和探讨基本都是在李富忠教授的框架体系下所展开的[1]。

1.2.2 关于标准化

标准化作为一门新兴学科，强调了经济、技术以及管理等行为对具有重复性的概念或者事物，通过确立相关的实施标准以达到最佳的规章或者是最大化的经济收益。

由印度学者R·纳贾拉简（R.Nagarjan）所撰写的《建筑标准化》（1982年）是一本在建筑方面关于标准化的一部相对具有意义的文献。从理论的角度阐述了建筑标准化的目的、标准化和产业化的关系以及现状和未来的发展趋势，作者主要从建筑设计以及施工方面对建筑标准化进行了系统的论述，但是并没有提及标准化设计在产业中的应用，在实际运用方面相对欠缺[2]。

1.3 主要研究方法和路线

结合理论和实证，通过实例进行研究和分析，分析综合国内外对于产业化和标准化的文献和专著，结合国内实际国情并综合多学科理论进行研究。

1.3.1 理论与实例

首先，收集国内外有关住宅产业化和标准化的相关信息，通过对比论证，找出现有住宅在设计和建筑施工模式中出现的问题和不足。结合实际国情提出新的建筑设计模式并找出同类模式中需要改进和创新的地方，寻出住宅产品、技术和管理的平衡点，找出研究最得当的切入点。

1.3.2 分析与综合

总结已有实际项目的实践经验，理论联系实际，并且结合当地相关政策和规定，综合运用多学科相关科学理论和研究方法，论述我国住宅产业化和住宅标准化设计在我国的发展状况和相关问题，体现住宅产业化和标准化在我国建筑设计的发展中的紧迫性，结合实际论证这种新的建筑设计模式的优势和实用性。

1.4 内容组织与研究框架

本论文首先对产业化和住宅标准化以及实践背景和理论意义进行了分析和阐述，指出了标准化设计的研究对于当下住宅建设发展的重要性；对该领域已有的相关研究成果进行归纳和分析，综合国内外标准化和产业化的发展历史，结合我国国情提出产业化和建筑标准化的尝试与探索。

第 2 章　设计标准化的相关观点与借鉴

2.1 标准化相关概念

标准，原意为目的，用来鉴定是否是某一事物的凭据，意义上的标准就是一种文字形式的判定。标准这一词汇经常出现在我们的生活当中，但是在不同时期、不同环境下涉及的标准这一概念却有不同的解释和定义。

国家标准 GB 3935.1-96《标准化基本术语》[3] 对于标准这一概念给出了如下解释：

1. 为在一定范围内获得最佳秩序，对实际的或潜在的问题制定共同的和重复使用的规则的活动（上述活动主要包括制定发布及实施标准过程）。

2. 制定标准这一活动是一个没有尽头的循序渐进的过程。标准的制定和实施，在实践中运用，根据不同的社会环境运用科学的办法不断进行总结和修订，使标准在这一行为中不断完善以适应事物不断发展的态势。

3. 标准化的目的在与收获最佳的效益和秩序，最佳的效益和秩序可以体现在很多方面。例如在对集中式饮用水水源地环境的保护和评估方面，按照 HJ774-2015 建立保护标准[4]，规范集中式饮用水水源地环境保护状况评估技术方法，不断提高饮用水水源地规范化建设和环境管理水平，确保水源水质安全。可以看出对于标准化目的中"最佳"的意义是从宏观的角度来制定的，而不是从微观单一的单元来思量，标准的制定可能在短期会对特定的集体或者部门造成一定的损失，但是从长远的角度和社会发展的需求来看"最佳"这个定义还是符合当今社会发展的需要的。

通过对标准化的总结和归纳得出：标准化是在特定的时间和环境下使对象的功能具有一致性的一种行为。在整个标准化系统中，需要各个部分或者子系统的彼此协调才能发挥标准的能动性，将"最佳"这一概念体现出来。

2.2 设计标准化的通用手段

2.2.1 产品简化

简化的含义是在特定的范畴内减少数目和种类，使之在特定的时间内既能符合生产需求又可以达到标准化的要求。产品简化的目的在于控制所需产品种类和数目，防止产品种类的盲目膨胀，减少低质量产品充斥市场的消极市场状况的发生。

2.2.2 产品统一化

统一化就是把对象多种的表现方法归纳成某种或者是限制在某一特定范围内的具有标准化的表达方法。其目的在于将一些不必要的多样化的表现形式造成麻烦取缔，例如管件口径型号的统一，提高设计和施工效率，为设计和施工建立一个统一化的秩序。

2.2.3 产品系列化

产品的系列化是指对某种产品中的特定部品进行标准化设计，其目的在于调和产品和与之相配套的部品之间的关系，使同某组产品具有相关联的属性。

2.2.4 产品通用化

产品的通用化是在相对独立的产品系列中，选择具有在尺寸上或者是功能上可以进行互换的单一单元组件进行标准化设计。

2.2.5 产品组合化

产品组合化的是按照标准化的原则，设计出一系列通用性较强的单一组件或者一系列组件并且通过不同的需求进行组合形成多样化的单元组合。

产品组合化的概念是在可分解和组合的概念基础上所进行的，把拥有一定功能的产品组件看作是一个组合，产品组合可以分解成多个单一的产品元件，又可以将特定的、可以互换的尺寸或者功能的元件互换组成不同的功能系统。

通过以上5种常用手段，使配合设计和建造的多个部门在标准化概念下进行合理分工和配合，达到标准化设计所提及的"最佳"目的，达到提高生产率和生产质量降低生产成本的效应。

2.3 住宅产业化概念及发展趋势

2.3.1 住宅标准化的概念

对于住宅标准化这一概念，建设部住宅产业化促进中心副主任童悦仲给出了如下定义[5]：住宅标准化及装配化施工是由日本在1968年提出的。在20世纪90年代初期，我国开始初步和日本有关机构达成协议进行住宅产业化的合作，在中方寻问何为住宅产业化的时候，日方用最简洁的语言回答了中方："住宅产业化很简单，首先是资金的集中化和技术的透明化，其次是工业化生产，最后则是全方位供应。"

住宅标准化及产业化，阐述了两个方面的定义：住宅科技成果的产业化和住宅方式的产业化。将在住宅标准化方面的科技成果尽快地转化为社会生产力，使之尽快转化为具有经济效益的产品。但是结合我国的国情来看这一过程仍需要技术体制的改革和深化。

标准化的建设即一流的建造技术、先进的统筹方法和大规模的装配化的方式对现有建造模式进行冲击，使传统的、粗暴的住宅建筑生产向标准化的产业化的新的建造模式进行转变，使住宅建筑业更加符合时代发展的需求。住宅产业化系统地来说就是运用现代工业手段和现代工业组织，对住宅工业化生产的各个阶段的各个生产要素通过技术手段集成和系统的整合，以达到建筑的标准化、构建生产的工厂化、住宅部品系列化、现场施工装配化、土建装修一体化、生产经营社会化，形成有序的工厂流水作业，以达到提高质量、提高效率、提高寿命、降低成本、降低能耗的目的[6]。

2.3.2 住宅标准化的含义

在《住宅产业化论》一书中，李忠富教授认为住宅标准化及产业化主要体现在三个方面：一是住宅体系的标准化，二是住宅的部品化，三是住宅部品生产的工业化。

（1）住宅体系标准化

根据住宅标准化的特性，在设计的初期阶段，运用标准化的设计方法、部品和标准化的建筑模块，根据特定的模数制度，建造标准化、系列化的住宅，以此来减少在住宅设计或建造中出现的随意性导致的施工粗暴化。在建造过程中，标准化体系的完善是先行和必备条件。实行住宅标准化必须要考虑到要在标准化的前提下保持多样性，并实际结合当地政策。

（2）住宅部品化

住宅部品就是组成住宅的基本单位，其最大的特点就是保持一定独立性，可以进行独立的制造，具有普适性，根据使用或者用途的差异性分别进行制作。今后的建筑生产模式会由传统的以现场为中心的模式开始向工厂大规模生产部品再由现场组装的新的建造模式转变。

（3）住宅部品产业化

部品产业化是指运用工业化的生产方式生产建筑部品。总的来说是指部品工业化生产、现场装配以及科学有效的管理。

2.3.3 住宅标准化的发展

在过去的几十年中，住宅标准化及产业化在我国的发展可谓是从无到有，一步步走来，始终保持着一个十分迅速的发展趋势，迅速在国民经济中占得了自己的一席之地。将西方在工业方面十分先进的国家都要上百年才能完成的任务缩短到了几十年。但是，虽然我们在主站产业化上取得了不错的成就，但是我国由农业化国家转变到工业化上才短短几十年，可谓十分年轻，工业化不管是在技术还是在生产规模上都无法与西方发达国家相媲美。

图1 欧洲标准化住宅

2.4 世界主要国家住宅标准化的借鉴

2.4.1 欧洲

欧洲诸多国家由于第二次世界大战的原因，城市遭受了严重的破坏，在战后重建初期也就是20世纪50~60年代，为了更好地安置人民，所以对于住宅的需求量十分巨大。为了渡过这一难关，运用了大规模工业化生产的方式，并在这一时期探索出了较为完善的工业化生产体系。同一时代，欧洲各国和苏联开始实行计划经济，国家开始大批量划分住宅区，大量的住宅部品预制工厂的建立使住宅的生产和建设速度大大提高。英、法等国家在这一时期也开始大力支持板式结构住宅，并且形成了一套完整体系。产业化住宅的兴起不仅迅速解决了战后重建时期人民对于住宅的需求而且还极大地推动了当时经济的发展，对于这些国家在20世纪六七十年代经济的腾飞起到了决定性的作用。20世纪80年代初期，欧洲各国基本已经完成重建工作，居住问题已经得到了根本解决，产业化住宅的发展脚步便开始变缓，人民生活得到满足后便开始将目光放到品质以及个性化的需求上。（图1）

2.4.2 美国

在20世纪20年代初期，美国的住宅产业化普及度十分低下，大多为小工坊制作，效率低下。

20世纪二三十年代，由于欧洲工业化的影响，美国的工业化和城市化进程开始明显加快，大量外来人口的涌入，急需大批住宅来满足当时的社会情况。与此同时，美国发生了有记载以来最严重的一次经济危机，国家出于对恢复经济的目的开始颁布各种政策，支持私人建房，尽可能满足白领阶层的需要，扩充内需，刺激经济的增长。

到了20世纪中期，美国开始实行住宅抵押和担保制度，由国家出资大批量商品房的建造和鼓励私人建造住宅等一系列政策的出台，再加之工业革命对世界各国的冲击，美国的住宅产业化开始从最初的私人经营和小工坊制作开始向企业化大规模化转变，住宅产业化得到了长足的发展。

目前，在标准化设计和产业化住宅上，美国已经形成了一套自己完整的体系，美国建造业最大的特点就是工业化程度极高，有完整的住宅构建生产、装配化施工、质检体系以及完善的技术服务和专业化的售后服务。由于受到世界大战的牵连比较小，美国的建造产业化并没有走欧洲各国实行的大规模预制装配化的道路，而是比较注重住宅的多样化和个性化，由工厂生产住宅部品然后运至现场根据不同的需求进行安装。因为基本没有湿作业的原因，所以一般工期较短，较高的工业化程度使得美国的劳动生产率远远的高于世界各国。

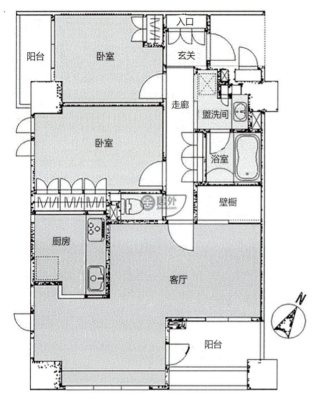

图 2 日本住宅平面图

图 3 日本住宅浴室

2.4.3 日本

日本的建造产业化出现在 20 世纪中期，同样是由于对于住宅急需的情况下，但是建筑业存在一个明显严重的问题就是技术人员和现场施工人员十分缺乏。基于这个原因，为了减少人力浪费、减少建造周期，建筑部品化、大批量的生产产业化建造模式开始流行，简单化的现场施工和高质量的效率成为了当时主流的住宅建造方式。20 世纪 70 年代日本住宅产业化发展进入了成熟时期，各大建造业巨头开始进入住宅生产领域，大企业联合组建集团进入住宅产业，在建造技术上产生了盒子住宅、单元住宅等一系列多样化的工业化住宅模式。为了保证住宅的质量，日本确立了一套完善的管理和监督体系。这一时期所采用的工厂化生产方式所生产的住宅占到了竣工住宅综述的 15%。到了 20 世纪 80 年代中期，由于工业化住宅监督体系的建立，工业化的质量得到了明显的提高，采用工厂化住宅所占比上升到 10%~25%；随着质量和性能的显著改善，到 90 年代工厂化住宅已经上升到了 30% 左右。日本工厂化住宅的显著特征是大部分住宅部品基本是通用的，如没有特殊需求，只需要像组装积木一样组装好即可。（图 2、图 3）

2.4.4 世界主要国家住宅产业化及标准化发展启示

在世界主要住宅产业化及标准化发达国家发展历史中，随着居民生活水平的不断提高，产业化和标准化的标准尺度也不断发生着变化，从最初阶段的以生活需求为主导到后来个性化、多样化的标准，呈现出一个螺旋上升、不断完善的发展体系。近年来，随着我国建筑业开始向国外学习和借鉴，住宅产业化及标准化在我国也得到了一定的发展，但是这种对于施工技术和施工质量以及管理技术要求极高的生产模式对于我国现有的低下的技术和粗放型生产水平很难得到长足的发展，我国住宅设计标准化还是存在着不足和缺陷。所以，以先进的技术为基础，加快成果转化为经济价值是我国发展住宅产业化及标准化的首要目标，借鉴国外主要工业国家住宅产业化的理论和成果。

第 3 章 标准化设计的要求、优缺点及实施策略

3.1 标准化设计的意义

住宅产业化是一个很宏观的概念。一个完整的住宅需要多种材料来构成，由此来看，住宅产业就成了一个极具带动性的产业。我国住宅产业每年消耗的物资占当

年物资总量的 10% 以上，对于国家来说可以带动财政税收和解决大量就业问题。

3.2 标准化设计的作用

3.2.1 提高生产效率和劳动生产率

对于住宅建造企业来说，设计标准化的实现和实施是一种考验和机遇。住宅标准化是住宅建造发展中一个重要的环节，注重经济效益与实际运用的效果。

我国总体还处在一个对住宅需求量极其庞大的时期，尤其是中低收入群体，住宅标准化设计既能提高设计和施工的周期，提升房屋建造的生产率，又可以相对减少建造成本，满足社会需求。

3.2.2 统一设计标准化质量

将标准化设计普及到住宅建造行业内，首先就是要从设计水平的提高着手。设计水平上进行规模化、标准化的住宅设计，进行多户型的住宅户型的设计，结合考虑当地土建设计与装饰设计的有机结合。运用规模化和标准化的设计，提高生产的条件和生产的质量；减少不必要的设计和现场施工。

3.2.3 减少人为因素对标准化设计的影响

根据住宅标准化体系来确定设计方案，通过既定的部品规范对住宅构配件进行设计，形成标准化的设计产品。明确衡量标准，减少人为的随意性。在施行住宅标准化的基础上还必须将住宅的多样化考虑在内，尽量减少标准化住宅体系的单一性。标准化与多样化并不是矛盾的，而应该是相辅相成存在的，同过将具有普适性的单元构配件进行多样化的组合形成多样化的设计。因为标准的制定会在一定的时间内保持一个相对的不变性，所以标准的制定就要以当下为基础，适应当下又要适当地超越当下。

3.2.4 促进住宅标准化设计相关领域技术与管理水平的提高

我国的住宅设计和建造对国外发达国家来说是相对落后的一个行业，业内整体生产率不高。住宅标准化设计及产业化的目的就在于提高劳动生产率和经济效益，原有传统设计和生产方式的改变，使设计和建造在技术上得以提高，与之相关的现场管理也得到了发展。住宅标准化及施工化的规范的制定，使住宅设计的相关领域在新时期有了一个可以实现的新目标，有效地推动了与之相关行业的技术进步、管理人员专业素质的提高。

3.3 发展与尝试

住宅产品的产业化为住宅部品的标准化生产指明了方向，但并不意味着所有住宅设计程序和部品的生产都千篇一律地以此为目标。可以根据生产水平和当地实际情况，以任性为主，户型为辅找到实施产业化及标准化的切入点。

3.3.1 标准化的模数协调体系

第二次世界大战以后，欧洲因为急需战后重建，安置人民，基础标准化，尤其是模数协调标准对住宅产业化的重要意义。20 世纪 80 年代，联合国在总结各国经验后提出了关于住宅建筑模数协调一致的建议。目前，国际标准化组织（ISO）颁布《模数协调》的系列标准规范。住宅标准化的两种发展趋势：一是努力实现以标准化构建组成建筑物的预生产装配的标准化，即通用体系原则；二是更加多变的将标准化和多样化同一起来的标准化原则，例如美国现在所实行的住宅标准化体系[7]。

3.3.2 住宅部件的标准化

住宅建造部件的标准化是保证住宅功能与质量基本条件之一，也是住宅标准化及产业化的标志。例如欧洲各国在标准化的基础上推行了部件的通用化。

3.3.3 可持续发展理论对标准化设计的理论支撑

在设计初期就应该充分考虑住户在使用住宅不同时期的不同需求，充分考虑在维修和改造期间的各种可能性，贯穿可持续发展的理论。

3.4 住宅标准化设计的技术要求

采用标准化的设计手段、部品单元和建筑体系，构成具有标准化、系列化的住宅标准化设计，降低人为因素的随意性，在现场施工尽量将施工中的厘米级误差缩小到毫米级以保证标准化部品构件的正常安装。

3.4.1 节点标准化

住宅建筑中包含多个节点的链接，住宅中的给排水、供气、供暖、空调、通风以外，使用的各种家用电器设备的更新频率也很高，这就导致电器线路的铺设越来越复杂。标准化住宅在铺设设备管线系统的时候，应综合布置线路的设置方式与协调方法。建筑这几阶段的设备管线设计，应根据功能需要预留出设备管线的总端口，实现总线路与每户单独管线的系统分离。户内单独管线的设计，设备管线要与各功能系统节点系统相关联，组成可以拆装的界面系统并结合装饰效果。节点的标准化设计避免了施工中对原有建筑结构的破坏，为管线系统的更新提供了方便可行的方法。

3.4.2 构件标准化

部品构件并不是一个单一产品的概念，它是指住宅中某一部分具有特定功能的一个单元（Component）。住宅中部品构件按照建造和生成的可行性，将住宅分解成多个部品构件。经过加工半成品构建，运送至施工现场组装，半成品应具有现场组装简单、施工迅速并且发挥其功能的作用。

3.4.3 产品标准化

链接构造与材料的衔接以及住宅设备等的规格和标准，使住宅部件规格化、系列化、产品化。在进行设计和制造到最后的验收、维修等环节按照统一的标准，实现尺度配合，达到功能、质量的最优化。

3.5 标准化设计的优点

3.5.1 缩短设计周期

就目前来看，住宅价格过高大多都是政府税费过高以及众多不合理收费造成的，但是在相同的条件下，开发商通过加强成本控制，对抑制开发商销售价格过高以及获取更大的利润仍会起到非常大的作用。低成本就意味着当其他公司在竞争中失去利润时，公司还可以获得利润。为了使住宅建造更加多样化、个性化，开发商惯用的方式就是要求设计方在建筑外观上有新的突破。

3.5.2 产品成熟后利于推广

就开发商而言，项目规模越大越容易获得规模效应，从而可以直接达到预期的经济效益。首先，规模大的项目可以为这设计、建造、管理等方面有效降低成本的投入，加之标准化的设计使得总的建筑单价降低。其次，从购房者的角度来看，当今购房的主力军为刚踏入社会的中薪阶层的年轻人，短建造周期、低购房单价和多样性的标准化设计及产业化的装配，更加适合当今社会购房者的需求。

3.5.3 利于设计与施工环节的衔接

由于住宅建筑所涉及的产品样式种类繁多、耗材极其庞大、销售生产地点分散等特点，传统的建筑活动多是以分散的小生产模式单独进行的，生产效率低下成为了传统建造模式的一个最大的诟病。工业化生产和装配化施工是当代建筑业发展的新方向，新的模式力图把流水线引入到建筑中来，用标准化的设计和工厂化的生产改造传统的建造方式。建筑技术的标准化对建材、设计与施工的要求非常高，对施工的类型、性能、尺寸和所选用的材料进行统一的规定，以达到缩短建造周期、扩大生产量、降低建造成本的目的。

3.6 标准化设计的局限性和缺点

设计的标准化导致住宅设计的千篇一律，没有个性，满足不了日益丰富的精神世界对于住宅设计个性化的追求成为很多人在接触到标准化设计所首先担忧的问题，很多人认为只有看得到、摸得着的生产才能满足大多数人的需求，才能使住宅看起来更加严谨。实际上，住宅标准化设计正是以人为本的基础上所诞生的，是在对人性化和个性化的前提下进行的探索。标准化设计是装配化施工的根本，而个性化又是标准化设计的先行条件。但是我国在过去几十年对于"标准化"的探索中，兵营化和阵列式的住宅并没有得到群众的认可，反而被戴上了简陋建筑的帽子，现在成为了工地宿舍和灾区临时住宅的常客，这种一味追求建筑效率上的简单，把住宅看作几块板组合的粗放的"标准化"最终将会被市场所淘汰。

3.6.1 缺少必要的支撑条件

进行一项新技术的创新研究，必须有相应的条件作支撑，最主要的是资金、人力、物力以及政府政策的支持。住宅建筑部品构件往往尺寸都非常庞大，这就在一定程度上影响到了技术的创新和研究，例如住宅构建在工厂进行预制的时候尺寸要受制于运输条件，因此大规模的构建预制技术在实际运用中可能会受到很大的影响。

住宅建筑产业链实际上是通过各个环节紧密相连的，不仅要求行业内的信息能够得到及时的传递，而且要对国外重要国家新技术的创新和研究保持高度的敏感，这才能保证一项创新技术的顺利进行。但是，就目前来看，我国许多建筑企业因为粗放型经营，缺乏对外界信息的收集，客观来说，我国不管是在技术上还是经验上都是处在相对滞后的境地，市场功能不完善极大程度上影响了我国建造业的成长。

目前，我国绝大多数建筑企业还处于粗放型传统建造模式，并没有形成以技术创新为主的发展模式，主要表现在行业内没有形成以技术创新为主的决策主体，没有将技术创新作为首要投资目标。其实形成这一情况主要还是客观地受到工业技术不发达和没有响应的政府出台的推动政策的影响。

3.6.2 标准化设计对于地域性适应力低

总的来讲，地域文化是物质和精神上的成果和成就。它反映了当地的经济水平、科学水平、价值观念、生活方式和社会行为准则等社会活动。地域文化具体来说指精神文化，不同的地域文化对于自然的改造、文明的形成和传播方式形成了自己各不相同的体系，各具特色。

中国是一个由多民族组成的国家，各个地区的差异十分明显。所以在住宅标准化设计及产业化生产这一新兴的建造模式上来说不应只是停留在简单的陶云标注图纸的初级阶段，而应当根据不同的地域文化差异和传统文化内涵，融合到住宅建筑产业当中。

3.7 标准化设计发展需要解决的主要矛盾

3.7.1 多样化和标准化之间的矛盾

设计的标准化研究旨在采用标准化的设计方法，在单元构件方面按照标准规范设计住宅构件和部品，构成具有标准化和系列化的产品，尽可能地减随意性。但是我国住宅标准化设计的主要方向为预生产大板式的标准化模式，这种模式的最大弊端就是住宅设计的千篇一律，欧洲等地装配式的衰老就是一个有力的证明。其实标准化和多样化并不是不可调和的，结合我国现有的技术水平，我国可以适当借鉴日本和北美国家的标准化体系，在标准化的基础上注重多样化和个性化的双重发展。

3.7.2 协作生产和专业化间的矛盾

协作生产是指各部门企业在生产中建立的互相联系、专业化的发展以及标准化和产业化的深入，要求各协作部门间的协作必须加强，最终达到整个生产过程在时间上缩短、空间上扩大的目的。住宅设计的标准化是社会劳动分工扩大和深化的产物，是当代社会经济发展的必然趋势，专业化的、标准化的设计和部品的设计和生产有利于提高出产产品的规模和质量、降低生产成本，发挥规模效益，是扩大社会生产。提高经济效益的重要手段和良好形势。专业化将社会生产划分成多个独立部门，协作又将各个独立部门联合起来，形成一个有机的整体。

3.8 住宅标准化实施策略

3.8.1 住宅标准化

标准化设计的关键在于对于局部节点和整体的模块的组合方式，同样的设计方法和模块节点在经过不同方式的组合后可以达到不同的设计效果。

当下对于住宅的设计要抱有一种可持续发展的眼光来进行设计，因为社会的发展和人的需求并不是一成不变的，未来的发展是一种未知的持续性的变化，并不是短暂的变化。但是住宅对于人来说却是一个寿命较长的个体，对于住宅的需求不同时期会有不同的变化，在这个前提下标准化设计的标准就是以人的基本需求为特定标准。

3.8.2 不同时期对住宅的基本需求

人们对住宅在不同时期会有不同的需求，当一个住宅在不能适应当前的生活状态的时候，它存在的意义就会变得微乎其微，居住者就会开始寻找新的适合当前生活状态的住宅。因此，在住宅设计的初期尽量考虑到满足不同的生活状态就变得十分重要，例如开关和插座的高度、灯光的尺度以及门窗把手等服务性质的设施的安装位置。

3.8.3 主要住宅空间标准化

不同的家庭构成和不同的生活状态对于同样的住宅空间会有不同的需求，对于住宅中的各个空间在不同的时期会有不同的需求。

（1）卧室

卧室作为提供居住者休息的空间，成为住宅中比较重要的组成空间。主卧室主要由休息区域构成并配有娱乐和工作区域，首先是因为卧室具有比较高的私密性，另一方面的原因主要是由生活方式所主导，例如在家中不具备书房的时候需要熬夜工作或者喜欢在睡前追剧等。

次卧方面主要作为小孩房、老人房或者是客房出现，根据不同的家庭生活状态会出现不同的设定。因为具有极大的不确定性，所以在次卧的设计方面主要满足休息睡觉等功能，满足基本的生活需求即可，但是基本的储藏空间等必须具备。

（2）客厅

客厅作为提供会客和娱乐的空间在设计的时候要考虑到家庭人口的组成和使用频率。不同的家庭状态对于客厅的需求不尽相同，例如年轻人对于客厅的需求与三口之家就有很大的差别，年轻的两口之家就喜欢将娱乐或者工作在卧室空间中进行，而有了小孩的三口之家更需要客厅空间来进行一系列活动。

（3）厨房

厨房作为提供进行炊事的空间，成为了住宅中使用率最高的空间，所以在整个住宅空间中非常重要，它必须具备完整的操作空间、储藏空间。厨房因为具备具体的用途，所以在其空间尺度和设备走线方面都是根据特定的使用方式来决定的，根据不同的生活状态和不同的生活习惯及饮食习惯在整体的设计方面也有很大的不同，例如西南地区因为饮食习惯的问题就不适合开放式厨房等。

（4）卫生间

卫生间同样作为具有具体使用用途的空间主要进行洗浴和便溺等行为。在标准化住宅空间中普遍倡导干湿分离卫生间对于使用者的生命和健康来说都十分重要，需要设计专门的水电设施。

第4章 标准化及产业化推广策略

4.1 施工技术的进步是关键和基础

标准化的发展关键是在于施工方法的进步，将原有粗放型的施工方法向标准化、产业化方向转变，技术的进步是住宅设计产业化诸多问题的重中之重。近年来，我国住宅产业虽然得到了长足的发展，但还是摆脱不了低技术水平下粗放型的外延式发展，我国住宅设计与住宅的施工存在着诸多的问题和缺陷都与技术水平落后存在着直接的关系。因此，要想发展住宅标准化及产业化必须把设计水平和施工技术的进步放在首要位置，减少资源无谓的消耗，促使整个建筑行业经济向高层次发展。

4.2 标准化设计与地域文化相适应

"一个好的地方，就是通过对人以及文化都非常恰当的方式，使得人们能了解自己的生活环境、自己的过去、社交的网络以及其所包含的时间和空间的世界。"这段来自美国麻省理工学院教授凯文·林奇的一段话，说明了在设计标准化的过程中，要注意以下几个方面来强化地域操作的适应性。

4.2.1 标准化设计与自然生态相协调

地理因素不仅是一个背景，也是造成各国文化差异以及这些差异所设计的一切事物的重要因素。气候条件通过光照、空气的湿度、温度和流向等特征作用于人的生存环境之中。俗话说得好："一方水土养一方人"，不同的环境影响着人类的生活生产方式以及生活习惯等方方面面，不仅对建筑的布局和建筑所用的材料起到了影响，而且间接影响到了城市街道的布局以及城市的整体形态，自然环境的多变性和多样性是地域特征形成的基础。

4.2.2 标准化设计与城市文化相结合

城市的发展必须结合当地的人文环境，这其中涵盖了两个方面内容：传统文化与现代文化的交融、当地文化与外来文化的交融，这两种文化的交融共同构成了地域文化的时间和空间特征。城市文化是对于生活经验的积累，在传承的过程中形成了不同的世界观。在住宅设计过程中，融合当地的历史文化和形成的城市文化，是对人类生存经验和精神的集成。

4.2.3 标准化设计与现代文明、外来文化的兼容并蓄

城市作为文化载体，给人标识自身社会属性的感观框架。因此，在分析地域特征的时候既要肯定地方的历史文化，要承认现代文明是城市发展的必然规律，也是传统文化自身发展的动态需要。要看到不同文化体系之间的差异性和互补性，中国的传统文化可以对西方文化进行补充，克服形而上学，但同样我们的传统文化也需要西方文明的补充，即增强传统文化的科学性。

4.3 将个性化需求以及住户意向引入标准化设计当中

标准化的生产方式，首先应当以满足当地居民个性化的需求为主体。在合理控制建筑成本的基础上，通过增强空间关系和增加设计细节等途径，尽可能地增加空间的个性化。不同的家庭构成对于空间的布局和功能的分配各不相同，那么，在设计上适当增加空间的灵活性，在空间格局不变的情况下，可以有效地增加空间的利用率，满足不同家庭构成的需求。

其次，将住户引入参与住宅的设计阶段将成为以后发展的一个趋势，增强住户的主观能动性。我国由于相应政策和业内政策不规范的原因，住户参与一直处在一种被动的态度，形成了一种住户要去适应住宅的情况。

适应个性化的标准化设计

住宅的个性化形态是客户需求的一种体现，是客观发展的必然趋势。怎样才能结合实际情况尽可能地满足住户对住宅个性化的需求成为设计师和建筑师需要解决的首要问题。综合国外对于住宅个性化的设计方法的研究，在设计过程中引入住户的参与可以有效地解决住户对于个性化的需求，在保证住宅形态的基础上将住户的需求融入具体的设计当中，但是这也需要设计师、住户和建筑商等多方面的密切配合。

第 5 章　结语

住宅标准化设计及住宅产业化在中国已经推行了十余年的时间，虽然并没有得到普及性的发展，但是已经被业内人士认定为是未来住宅建造业发展的核心。这种新型的设计和建造模式没有得到推广的原因一方面是因为我国在这方面工业化程度低，不能摆脱粗放型的建造模式，另一方面也和政府支持力度不足有关。

本文从标准化和产业化的基础理论入手，探讨国内外设计标准化和住宅产业化的发展历程和研究成果，并对各环节进行相对深入的研究，从客观的角度来探索标准化住宅和产业化住宅的发展道路。

提出标准化住宅和产业化住宅需要多行业和部门的密切的配合和信息的及时分享，需要通过螺旋式的不断上升的方式来不断完善标准化和产业化的系统理论，在完善的系统理论的基础上，尽快转为实际产品并获得经济效益。

因为本人能力有限的原因，无法对住宅的标准化和产业化的所有环节所出现的问题进行一一的深入研究和解答，因此今后还需努力丰富自身知识体系架构，在此研究基础上，不断从横向和竖向上进行深入研究。

参考文献

[1] 赵睿 . 住宅产业化中的标准化研究 [D]. 天津大学 ,2007.
[2] 吴琨 . 建筑标准化对多样化的调节机制初探 [D]. 华南理工大学 ,2003.
[3] 刘治国 . 技术标准及其后进入者策略研究 [D]. 复旦大学 ,2006.
[4] 何勇 . 城市建设理论研究 [J],2011.
[5] 张艺童 . 品牌与标准化 [J],2013.
[6] 唐成 . 浅谈绿色生态在住宅建筑的运用 [J],2015.
[7] 李书梅 . 关于 21 世纪我国住宅产业化的探索与研究 [D]. 武汉理工大学 ,2003.

行
环境设计学科研究生校企联合培养的探索与实践　第二季

Walking
Exploration and Practice of the School and Enterprise Joint Training of Environmental Design Graduate　Second Season

装置艺术在酒店公共空间中的介入现象研究 ◎达发亮

Research on the Intervention of Installation Art in the Public Space of Hotels / Da Faliang

『艺术是点燃意境的一种有效方式』

姓名：达发亮
所在院校：四川美术学院
学位类别：学术硕士
学科：设计学
研究方向：环境设计
年级：2013级
学号：2013110084
校外导师：广田导师组
校内导师：杨吟兵
进站时间：2015年9月
研究课题：装置艺术在酒店公共空间中的介入现象研究

摘要

当下时代人们对于旧酒店的期待，已不再满足于基本功能的短暂驻留场所。人们已经开始对酒店艺术化和个性化的设计品质上有了更多的渴求。在现代室内公共空间设计中，基于消费者对于艺术的觉醒与品质的追求，设计师开始将那些兼具艺术感和功能性的装置艺术品作为一种室内空间陈设艺术品，作为一种设计手段运用于酒店公共空间中。

本文从装置艺术的定义、装置艺术的发展史、装置艺术与传统艺术形态的关系等一系列相关内容来研究装置艺术在酒店公共空间中的介入现象的研究。希望将装置艺术品在酒店公共空间中的运用理论化、系统化，以期在酒店公共空间的设计探索中总结出一些规律。

本研究课题主要分为三个部分六个章节。第一，阐述了本文的研究背景，从酒店公共空间中的装置艺术运用现象入手，理清研究的内容与思路、方法、参考文献，搭建好了本论文的模型结构。第二，对装置艺术与酒店公共空间相关概念的界定与阐释，初步归纳了装置艺术的定义，历史源流，以及特征与类别。第三，主要是对装置艺术品的构成手法进行详细的分析与研究。最后是装置艺术在酒店公共空间中案例进行综合的分析，结合本文的研究，为酒店公共空间的设计带来一个新的视角和设计思路，并希望能够给酒店公共空间的艺术化创新表达带来一些启示。

关键词

装置艺术　酒店公共空间　陈设设计　室内公共空间

第1章 绪论

1.1 研究背景

1.1.1 酒店室内公共空间装置艺术的发展现状和趋势

经过近三十年的沧桑巨变,我国的社会面貌逐渐由贫困型向富裕型转变,随着经济发展与社会进步,促进了商务与旅行的发展,由此造成的人口流动为酒店服务业的发展提供了强劲的动力。在短短的几十年间我国的商业酒店产业从无到有,由单一消费到多元消费,进而日渐接近国际领先水平。人们的生活日渐丰腴,因此消费水平不再徘徊于昔日温饱线,开始对于生活的品质有了更多的追求,譬如对消费品的品牌化的注重,对于居住空间的环境也开始注重品质的诉求,已经不再滞留于最基本的功能性需求,而开始全方位关注生理与精神的意境体验。因此,酒店公共空间氛围的艺术化是必将大势所趋。

艺术是点燃意境的一种有效方式,当代社会不管是消费者还是酒店产品的服务商,都开始注重酒店空间的艺术化营造。当今中国酒店市场日趋成熟,各大酒店品牌间的竞争愈加激烈,一些酒店为了与时俱进地迎合消费者抑或主动引导消费者,建立自己的客户群,塑造自己的形象,建设自己的品牌。如果想打造一个识别度高的酒店品牌,一个有效的途径就在于提高自己酒店产品的特殊性与艺术性。对于特色酒店品牌的塑造不仅需要满足于功能性,与优质的服务方面的关注度,而且还需要集艺术性于一体,才能提高整个酒店的竞争力。

在室内设计中陈设设计是整个空间营造的最后一步,也在整个空间氛围的营造起着至关重要的一步,因此在这些综合因素的影响下,室内陈设中的装置艺术就日渐成长起来了。

1.1.2 本文研究背景及意义

建筑空间界面的模糊化设计,功能的日趋复杂性是未来室内设计的趋势。室内设计是一门科技、经济与文化综合协调与共生的专业。建筑是流动的音乐,建筑空间与艺术的关联性是与生俱来的,即使柯布西耶曾说过:"建筑是一架居住的机器",但是在他漫长的建筑实践生涯中从来没有放弃对建筑艺术品质的追求。

在当代空间设计中,科学技术的进步使人类的想象力获得了空前的解放,艺术的表现形式得到了极大的拓展,其中以突出视觉艺术与其生理感官交互体验的装置艺术品作为空间陈设要素,成为空间的一个亮点。这些艺术与科技手段运用到空间设计中,其个性化的审美体验,空间自然而然地充满了鲜活与灵动,同许多成熟艺术品一样具有多样化的属性,因此说它是一件装置艺术品也不为过。

当装置艺术作为一种设计语言应用于室内空间设计中,我们可以把它归纳在陈设艺术中。装置艺术具有的艺术与设计感能够渲染室内空间的氛围,诠释空间的主题。相对于传统的陈设品而言因其具有的多义性,与强烈的主题识别性而增添了更多的独立艺术品的意味。

酒店公共空间中装置艺术品的运用研究,是针对室内陈设范畴内的研究,同时也是当代艺术对于公共空间的一种介入现象的研究;是文学、艺术与设计、科技等综合学科的一种体现。装置艺术是室内空间中能够相对独立的能够传达设计者思想的作品,能引起人们情感的互动作品。装置艺术在酒店空间的运用变得越来越普遍,因此对于装置艺术在酒店空间中的材料、形态、手法的研究也具有很大的意义。

令人遗憾的是关于室内公共空间的装置艺术的资料,文献以及著述还比较少,目前所收集到的资料大多为大地艺术、公共艺术、陈设艺术还有室内设计以及景观小品等的研究。目前收集到的国内外的关于装置艺术的研究文献,大致可以分为:专著研究、教材编写、学术论文和一些学术机构的研究,总体研究如下:

1.1.2.1 国外研究现状

在国外的酒店空间的研究中,很多艺术家将酒店公共空间的装置艺术作为一种艺术创作介入空间的营造当中,酒店公共空间的创作手法形式多样,风格不一,始终没有形成一种行之有效可以归类的风格体系。从收集到的资料看,基本上都是一些艺术家的作品和理念的阐述,而对酒店公共空间的装置艺术方面的理论研究微乎其微。在收集到的学术成就如下：

《艺术介入空间》卡特琳.格鲁

这是一本当代艺术与公共空间的关系的学术专著，书中详细地阐述了室内空间中关于人的活动的关系，如何让人的记忆与公共艺术相联系，艺术介入空间，以及艺术与空间更好的结合，以及怎样表达空间。室内设计会受到的功能性的制约，没有纯艺术那么自由，但是人们的需要一旦满足了其功能性，必将有更多形而上的追求：哲理性和趣味性。因此，书中提出用艺术的思维来思考关于空间的问题，同时用艺术介入空间的理念方法来解决问题。

《Installation Art》 克莱尔.比少普

书中详尽地阐述了电脑科技对于设计的影响，现实生活中技术性与虚拟性的东西依然无法满足艺术家的创作欲望，他们提倡将创作的理念在空间中重现并进行了实践探索。

《杜尚访谈话录》

这本书是法国艺术评论家卡巴娜在 1966 年对杜尚的一次访谈整理。在整部书中基本都是卡巴纳对于杜尚关于生活的各方面的谈话，杜尚的言论简洁而充满哲思。由此可见，他作为一个当代艺术之父的那种睿智。

1.1.2.2 国内研究现状

国内的酒店公共空间装置艺术的研究相比较而言还处在初级阶段，但是随着我国酒店业的迅速发展，以及人们对于艺术的渴求，这方面的意识也日益强烈。关于酒店装置艺术，笔者认为可以归类于陈设艺术这一大类之中。装置艺术作为一个跨界艺术，涵盖很多学科的专业知识。在一些期刊与书籍中对于"装置艺术"的研究也形成了一定的理论体系，但是对于"酒店公共空间装置艺术的研究"还处于空白的阶段。现有的关于装置艺术在空间的运用中，主要是对室内公共空间这种更加宽泛的研究，很多研究仅仅停留于美术馆等纯艺术的研究之中，关于一些概念、理论以及历史的整理。装置艺术在不同的空间的运用之中，以及表达的规律总结，以及形式的运用法则归类。但是其中对于人们情感性的表达与用户体验的出发来讲，由各种人文学科譬如人类学与艺术学的角度来看，还存在很大的空间值得去挖掘。

科学的进步，新手法、新材料的运用，使得装置艺术的制作变得更加的多样性，这些新现象的出现，也能够对酒店公共空间的设计提供一定的借鉴和方法，由此，对酒店公共空间的研究就需要比较系统而深入的研究。以下就是针对本文收集到的一些国内外的研究成果资料。

国内学术研究成果：

《中国当代装置艺术史》贺万里

这是一本关于装置艺术的理论著作，为中国从 1979~2005 年间的装置艺术发展做了一个类似编年史的总结，为人们研究中国装置艺术提供了历史的依据，是装置艺术全面而生动的历史再现。

《公共艺术设计》章晴方

该书是一部关于公共艺术的书籍，系统地介绍了公共艺术的前世今生，以及对于公共艺术的解读，诸如公共艺术的造型、空间、色彩以及形式的设计，还有公共空间中的壁画等丰富的语言形式。以及公共艺术的材料、工艺以及案例实践。

《公共艺术教程》孙明胜

该书系统地讲述了公共艺术的理念与归类、公共艺术在空间中的创作形态功能和特征、公共艺术与社会的关系、与空间的关系等。

《室内陈设设计》高祥生

这本书是一本关于室内陈设的教科书，用激扬的文字介绍了建筑空间的六个室内立面的营造，详细地分析了古今中外经典的室内陈设设计案例，这是一本陈设设计的教科书，具有很强的学术性。

《室内空间设计》李朝阳

这是一本关于室内空间设计的书，指导人们进行空间功能的分隔、交通流线的设计以及空间尺度和视觉效果的营造进行了详细的阐述，给从事室内设计的从业者专业的指导，有助于室内设计师的专业水平的提高。

《中国当代艺术倾向丛书——装置艺术》

这是一本装置艺术的科普读物，书中详细地描述了中国当代装置艺术的整体状况，以及装置艺术作为一种艺术方式在中国艺术界地位的阐述。这本书对于大众了解装置艺术具有特殊的意义，对于装置艺术的现状具有一些整体的概括性叙述。

《新媒体装置艺术》马晓翔

该书是一部新媒体装置艺术的发展史，关于新媒体艺术的一些本质与特征，以及新媒体艺术在社会中的影响力，总结了新媒体装置艺术中形式的变化，有别于传统的审美体系。

1.1.3 研究的方法与内容

（1）文献查阅法：利用书籍、知网等手段收集到文献材料，从中汲取重要的数据信息，然后进行整理与归纳分析，以此来作为此文章研究的观点以及论据。

（2）材料归纳法：通过田野调查以及社会问卷的方式，进行资料的收集与分类，整理出对于酒店公共空间中装置艺术品的观念生成、材料的应用、内在的生成逻辑以及制作手法，希望能够从中找到一些规律，用以指导创作的路径、学术价值的论据。

（3）案例研究法：根据实际案例进行整理分析，从理论的高度来重新审视整个作品，结合个人的感受描述对象，进行理性分析从而得出观点。

理论与实践：用以上的研究成果来指导装置艺术的创作。

本文尝试由装置艺术的发展历程、分类以及采用怎样的形式在酒店公共空间中的运用，从装置艺术的发展史到酒店公共空间的分类概述，系统地分析装置艺术在酒店公共空间的介入现象。

第 2 章　装置艺术与酒店公共空间概述

2.1 装置艺术概述

装置艺术，是在特定环境内的三维展品，没有固定的形式与风格，也不是有传统的艺术材料来制作，它是一种新的作品展示方式，也可以说是一种综合艺术的表现形态。传统意义的装置艺术是在雕塑艺术的基础上发展而来的，因此它和雕塑具有许多共同的特征。其定义为：（1）它们是装配起来的，而不是画、描、塑或者雕出来的；（2）它们的全部或部分组成要素，是预先形成的天然或人造材料，物体或碎片，而不打算用艺术材料。

"装置"一词原来是指安置，架设之意的普通名词。从 20 世纪 70 年代后期开始它编成为特定用语，转化为泛指各种形式的装置艺术的固有名词。作为一种艺术观念形式，装置艺术与 20 世纪 60~70 年代的"波普艺术"，"极少主义"，"观念艺术"等有联系。[1]

装置艺术作为当代艺术的一种运用广泛的艺术表达形式，而装置艺术在美术史中被定义为艺术的存在方式跟法国艺术家杜尚有莫大的关系。有关杜尚艺术观念与生活方式的研究，对于理解西方以及世界现当代艺术的发展史具有重要的意义。如果按照传统意义上的艺术定义来看，杜尚的艺术实践活动并不长，但是它对于今后艺术发展的走向具有重要的意义，他提倡"日常生活也是艺术"。对于东方禅宗的研究也是促成他艺术观念形成的原因。它的成品艺术《自行车轮》显示出他对于结构的轻视，由此体现出他的创作的态度："艺术的核心是观念而并非技巧"。（图1、图2）

杜尚的每件作品都脱离大众的审美而显得荒诞不经，在他短暂的艺术生涯中尝试过诸多艺术风格，在立体主义如日中天的时期《巧克力研磨机八号》却成了它最后一件架上作品，其次就是给印刷品《蒙娜丽莎》添上胡须。从此，杜尚完全脱离了传统艺术，开始了装置艺术的探索，创作出了《大玻璃》，以及奠定他

 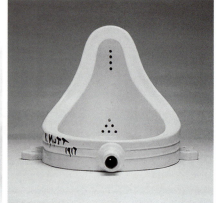

图 1 杜尚与《自行车轮》（图片来源：网络）　　图 2 《泉》（图片来源：网络）

现代"艺术之父"地位的小便器《泉》。此后杜尚开始将兴趣转而投身到光学、电影，乃至最后的国际象棋，彻底地脱离了"艺术圈"，用行动来，践行着他的宣言。

在卷帙浩繁的艺术史中增添一些微不足道的注脚已容纳不下杜尚的野心，他的目的是要改写艺术史的叙述内容。他的艺术实践与行为方式提醒人们对于艺术必须要重新定义，譬如："现成品"、"行为艺术"等新的艺术表达形式。

以大众的思维方式来看，用一件普通的工业品在艺术展览中呈现，是一件很荒谬的事情，但杜尚敢于去打破这种常规，由此而唤醒人们对于艺术乃至对世界新的看法，受他的观念影响人们开始重新审视传统的艺术模式与观察方法。杜尚给人们的思维打开了另一片天地，由此"现成品艺术"作为一种新的艺术形态出现，一种新的艺术由此观念诞生。

这种艺术思潮影响至今仍大行其道其核心思想是：

（1）形式与美都不重要。

（2）环境和时间比作品更重要。

（3）艺术应该回到自发和天然的状态，人类最初的艺术活动是自发和天然的，无需专门训练,更没有艺术家和非艺术家之别。

（4）取消技术的限制,人们久已习惯将艺术创作看成一种专门的技术操作过程,所以才有美术学院和专业画家,"现成品"艺术却与作者的个人技术无关,它只需要一种选择的眼光,而选择是一种思考过程,与物质产品的制作技术毫无关系。[2]

2.1.1 装置艺术的特点

当代装置艺术的特征很大一部分还是立足于传统艺术或者技艺的基础之上来进行解构与重构。这种特殊性根本原因是装置艺术的材料相较于传统艺术而言非常广泛,不受技术与材料手段的制约。装置艺术的构成材料有一部分本身就是现成品,而这一材料在现实世界中本身就具有自己的意义,然后再经过艺术家的解构、错位、拼贴,重新进行组织,经过环境与空间的变化由此产生了新的定义。这种创作方法相较于传统艺术品的创作方法将会有更多指涉,从而也体现了当代社会的复杂与多义性。

2.1.2 装置艺术的类别

2.1.2.1 传统媒介的装置艺术

传统装置艺术的媒介材料多以物质材料作为根基,在此基础上进行雕塑式造型,将造型置于空间的融合创作。1984年,美国极少主义雕塑家理查德·塞拉曾写道:"雕塑,如果有任何潜能的话,就是能够创造出自己地方和空间的能力,并同其创作所处的地方与空间相矛盾。"我对艺术家作为"反环境"创造的作品很感兴趣,作品找到了自己的位置并创造了自己的情境,或划分或宣称了自己的领地。此时,装置艺术的媒介运用方式更接近于传统雕塑的创作方式,因为装置艺术所具有的场域性、观念和想法的主动表达与雕塑艺术具有很多不谋而合之处,因而装置艺术被看作死雕塑艺术的延伸与补充。（图3）

2.1.2.2 新媒体装置艺术

新媒体装置艺术包括了艺术与新媒体技术（数字艺术、大众传媒体、计算机绘图、虚拟艺术、电子游戏、电脑机器人等）作为技术创造的艺术品。新媒体艺

图3 传统装置艺术（图片来源:网络）

术不同于传统的视觉艺术（即传统绘画、雕塑、建筑等），这是由于它的创造产生了文化产物和社会活动，并带来了多元的审美形态。新媒体艺术包含了艺术家与观者的互动，以及观者和艺术作品的互动。

2.1.2.3 影像装置艺术

影像装置是当代艺术与设计的一种表现形式，它结合了视频技术与装置艺术，利用周围环境的各个方面来影响和感染观众。其诞生于20世纪70年代，随着数码影像技术的快速发展与受众的扩大，影像艺术也是精彩纷呈备受艺术家的青睐。（图4）

图4　影像装置艺术（图片来源：网络）

2.1.2.4 灯光装置艺术

灯光装置艺术是装置艺术门类下的一个分支，同时也是视觉艺术的一种形式。从人类历史的角度来看，光是被用来表现建筑的审美效果和物品的设计。然而，随着人造光源的发展以及现代艺术的实践，灯光装置艺术的表现效果也更富于效果与变化。在极少主义运动和包豪斯的尝试中，它们充分发掘承载了光的媒介，如玻璃和金属，并且创作的材料在20世纪中后期也越来越易获得。（图5）

图5　灯光装置艺术（图片来源：网络）

2.1.2.5 声音装置艺术

声音装置艺术（与声音艺术和声音雕塑相关）是一种基于媒介物和时间的艺术形式。它是装置艺术中的一种拓展形式，其包括了声音元素，也因此具有了时间的属性。一个声音装置作品具有三维空间和时间轴，不同的声音和物体不但可以从内部被组织起来，同时也可以从外部被安排。

2.1.2.6 互动装置艺术

互动装置艺术是装置艺术的一个子类，它包括观众对作品做出反应，抑或作品能够回应使用者的活动。传统艺术上的互动形式仅仅只停留在精神活动上，而作为媒介的互动通常会产生含义。互动装置的创作，通常情况下与电脑和传感器是分不开的，他们能够通过一定的程序对运动、热度、距离、气象的变化或者其他类型的变化做出反应，在互动装置艺术作品中，观众和机器进行对话来完成一个独一无二的作品，不仅如此，每位观者通过同种景象所观察到的体悟也因人而异，

图6　多媒体装置艺术（图片来源：水平线室内设计）

所得的结论也有可能是完全对立的。（图6）

2.2 酒店公共空间概述

2.2.1 酒店公共空间的形式及定义

公共空间的定义：在建筑范畴内，我们可以这样表述空间，空间是由一定的客观对象同感觉它的人之间产生的相互关系，并通过各种要素所限定的界限表示出来的三维容积体。以人们的时间体验来理解，空间就是人们工作生活的内外场所。公共空间具有开放性、公开性的特质，由公众参与和认同的空间场所。

2.2.2 酒店公共空间的重要组成

酒店公共空间就是酒店建筑空间中为旅客提供餐饮、娱乐等公共交往活动的一个建筑活动空间。酒店公共空间一般由以下几个功能区组成：酒店入口门厅、酒店大堂区、大堂吧、接待厅、会议区、休闲娱乐区、行政酒廊、美容美发空间以及游泳池、健身会所等功能组成的空间。

酒店公共空间的组成：公共空间部分有三部分组成——接待空间、餐饮康乐空间和商务会议空间。其中接待空间主要由五个部分组成他们依次是：空间序列的开端——入口空间；空间的高潮——大堂空间；建筑的内接——中庭空间；空间的延续——廊道空间；空间的结尾——屋顶花园。

入口空间包括：主入口、宴会入口、休闲区入口、后勤入口、贵宾入口。

大堂空间包括：总服务台、前台办公、休息区、商务、零售。

中庭空间包括：中庭、边庭、夹庭。

廊道露台包括：通道、走廊、露台、屋顶平台。

入口空间一般作为建筑空间序列的开端，主要功能就是引导人们进入建筑物内部起到一个空间过渡的作用。酒店作为一个城市重要的形象窗口，是人们对于这个城市乃至于这个酒店建筑本身而言的第一印象，因此是十分重要的部分。入口空间的功能性主要体现在组织交通流线，避免旅客流线与后勤服务流线之间的干扰，提高整个酒店公共空间的使用效率。（图7、图8）

酒店大堂空间是整个酒店最重要的部分，它是整个酒店空间景观营造的重点，是整个酒店空间的核心，最能代表整个酒店的形象气质，酒店大堂的营造应该考虑到酒店的地域文化因素与酒店自身文化相结合的原则，从而使得旅客能够在当地感受到独特的文化氛围。酒店大堂的主要功能为：它是整个空间交通功能流线的一个重要枢纽，为旅客提供住宿登记、休息以及公共交往的空间。

中庭空间作为酒店公共空间的一个重要功能区主要起到一个交通过渡的作用，通厅空间也是旅客进行公共交往的场所之一，它在整个酒店建筑的定位应该是一个共享空间。旅客可以在这个空间停留、交往，甚至举办一些公共活动，比如新闻发布、舞会等公共活动。

露台空间是酒店建筑很有特色的组成部分，它是室内向外部环境的延伸，为旅客提供了欣赏自然风景、休息、交往的理想场所，使酒店建筑公共空间体系与环境间形成了自然的过渡。

图7 酒店入口1(图片来源:广田设计设计研究院)

图8 酒店入口2(图片来源:广田设计设计研究院)

2.3 装置艺术与酒店公共空间的关系

室内公共空间是大众参与社会行为的场所，具有开放的属性。在公共空间中的陈设设计与个人空间的陈设手法具有很大的区别。在公共空间因为要满足大众的需求，因为它强调普适性，因此个性化就会得到束缚。设计师采用装置艺术的手法来营造公共空间的艺术氛围，通过装置艺术品的陈设作用，来完善空间的属性，以及提高整个空间的精神属性。

本文以研究酒店公共空间中的陈设艺术——装置艺术为研究对象，主要涉及酒店公共空间陈设艺术，以及装置艺术之间相互关联，交叉的概念。其中本文对于酒店公共空间陈设艺术的相关内容做一个简单概述，而为装置艺术的深入论述起到铺垫的作用。

第3章 装置艺术在酒店公共空间中的表现形式

3.1 酒店公共空间中的表现形态

建筑的六个面围合成了室内公共空间，而酒店公共空间是一种常见的室内空间。空间存在方式是由长、宽、高等物理特性生成了一个环境场所。而酒店公共空间就是这种不同功能的建筑界面构成的环境场所。每种空间形态都会给人不同的心理感受，由此可得知尺度的不同都会塑造出性格不一的空间。当装置艺术作为一种物理形体介入到这个空间之中，就会影响整个空间的性格。但是装置艺术仍然只是这个公共空间的一个组成部分，不能超越它的属性，它仅仅只是作为酒店空间的一种"功能性"部件的身份，化身为陈设物的同时，也成为整个空间的形态语言的一个词组。（图9、图10）

3.2 酒店公共空间中的界面的装饰

酒店室内空间的塑造实际上就是对于建筑空间六个围合面的形态的塑造。装

图9 酒店大堂1（图片来源：水平线室内设计公司）

图10 酒店大堂2（图片来源：广田设计研究院）

图 11 装置艺术 1　　　图 12 装置艺术 2

图 13 装置艺术 3　　　图 14 装置艺术 4

置艺术就是依附于这六个界面生成的。这种直接，全面营建巧妙的构思是构成视觉兴奋点的基础，这些物理形态的空间形态面，大致可以归纳为天花、墙面与地面。

一、当装置艺术在酒店公共空间的顶面进行营造时，空间的整个感受将形成一种由上而下的被覆盖笼罩的感觉，结合这种视线方式，可以灵活的运用材料，灯光等措施，凸显空间的主题。（图 11~图 14）

二、建筑空间的墙面主要起到承重与实体空间的分隔作用，因此，在墙面的装置艺术设计与地面的设计都不相同，它作为人们视平线的正面是人们最佳的欣赏角度，因此更加重要。在装置艺术对于墙面的装饰上可以考虑到由二维转向三维的思维模式进行营造设计突出室内空间的层次性。

第4章　装置艺术在酒店公共空间中的情感体验的设计特点

4.1 主题性与标志性

装置艺术由艺术家根据主题在特定的空间场地设计制作，这一特定空间所呈现的是整个事件的观念构思、发展到制作完成的整个的过程。在这一时间中，环境、形式以及空间聚合在一起，形成一个场地的独立空间，因此这一整系列事件聚合起来就具有很强的叙事性、标志性，能够给人深深的感受，成为空间的一个亮点。（图15）

4.2 创新性与多样性

酒店空间的装置艺术是一种基于陈设设计的综合艺术，在制作材料的使用上比传统的艺术有更多的自由度，其构思也有着独到之处。装置艺术的材料可以采用传统艺术中的国油版雕技法，也可以采用高科技的新媒体技术以及现成品，进行解构、重组，使其完成语境的转换。不同的材料会为主题营造出不同的情境，高科技的介入与发展还能够使得使静态的装置艺术诞生为互动性影像。装置艺术经常采用一些夸张，扭曲的造型来进行排列制作，对于材料不同的选择常常会带给装置艺术一些意想不到的感受，那些日常生活中触手可及的材料，譬如废弃的生活物件，通过艺术家的设计，创造出不一样的意境，把人们引入一个景观世界。

装置艺术设计家的思想主要依赖于材料的表现，适宜的材料运用是装置艺术出彩的地方，因此材料是装置艺术的实体。装置艺术的材料包罗万象，不同的材

图15 主题性酒店

图16 酒店装置艺术

料有不同的性格,即便是相同的材料,通过每一种不同的工艺技法,都会得到不同的效果。因此就体现出装置艺术具有操作性与多样性的特点。

酒店公共空间利用其丰富多彩的表现手段,通过形式美法则的研究与设计,将我们平时视而不见的材料化腐朽为神奇,营造出符合主题观念的意向来引导客户对酒店品牌的认同。丰富的材料以及多元的表现手法,都会对酒店景观装置产生重要的影响,为此使装置艺术在对于主题的诠释上拥有细腻与深入体验感。(图16)

4.3 参与性与互动性

衡量一个装置艺术是否成功还有一个重要的标志那就是作品的互动情节的设计,以及公众的参与度。公众的参与性是当今装置艺术创作的流行趋势。装置艺术通过艺术手段对于主题的描述与表达,使大众在参与的过程中,不由自主地加深了主题的印象。参与者与装置艺术产生互动,人们和装置艺术形成了一种互动关系,两者合为一体,使得装置艺术在空间情境中又被赋予了一种意义,这也是装置艺术的特点之一。酒店公共空间的装置艺术的公共性就要求其具有开放的特征,因此其创作手段也是多样化的,如结合新媒体、影像、声音、光电等科技手段,以及夸界的组合方式,这些都是作为互动性的技术保障,可以融入酒店公共空间的装置艺术中来,使得装置艺术的身份变得多元,这种形式究其原因是迎合了人自身的五感即:视、听、味、触、嗅的属性,因此针对人的生物属性就会使装置艺术产生无穷的魅力与感官体验。

4.4 情感性与寓意性

酒店公共空间的装置艺术所要营造的是一个建筑空间的整体氛围,它的体量可以任意发挥,可大可小,人可以置身其中,同时作为观赏的对象,通过色彩、材质、造型的设计,结合室内陈设的装置构造手段,营造出一个特殊的环境,给人一种空间的暗示。它能带动客户情感的自然流露,通过身体的接触产生相互的情感交流,空间中人的情感与感官体验。

装置艺术之所以被称为艺术,主要其能体现艺术家的一种理念与情怀。酒店公共空间的装置艺术虽然因其要满足功能性的特点使其自由度受到很多客观条件的制约，但是在满足这一基本前提下还是有很多的自由空间可供艺术家发挥。因此，设计师可以对空间进行更多的营造方式的尝试，可以给予装置艺术进行大胆的实验，让空间具有丰富的情感与隐喻。设计师为营造情境与寓意，应该增加空间的叙事性，使得这个空间产生一种故事性和延续性从而激发出人们的好奇心，让人们停留在一种故事情境之中，避免那种苍白、平铺直叙的叙述方式。

在装置艺术中，艺术家经常会尝试把空间性格化，或者采用特殊的材料来表现其充满情感和寓意的作品。情感与寓意性是一个装置艺术对于空间的一种延续，人们参与其中能够感受设计师传达出来的理念。

室内装置艺术中通过扭曲空间的方式来营造情境，通过被塑造的空间体验来传递其空间寓意。不同的装置艺术能够让人们体会到不同的意味，不同酒店品牌的装置艺术发散出来的气质与情感体验也必然不同。

酒店公共空间装置艺术个性化的表达及非常规设计语言和设计手法，使作品充满了浓烈的情感意向，象征的手法又赋予了作品一定的寓意性，设计师通过情感性与寓意性来表达自己内心的设计理念，给人们提供一个充满情感寓意的景观，加深人们在其中的感知。

第 5 章　装置艺术与酒店公共空间的结合原则

5.1 装置艺术设计的形式

装置艺术作为酒店空间的陈设元素，即要具备其本身的艺术思想性，但同时也需要符合设计的原则，艺术与设计两者是统一的，因此在设计创作时同样需要考虑设计法则，运用基本的造型法则：如多样与统一、对称与均衡、对比与调和、节奏与韵律等形式法则。

5.2 统一原则

装置艺术必须要通过人的介入才有意义，因此装置艺术是人的情感延伸。装置艺术使得公共空间变得更加丰富，人们行走在其中情不自禁地就会触碰到人多种感官，吸引人们对于空间的体验的好奇心。这些体验相较于以往，都是一种新鲜的、刺激的新奇体验，但是无论从哪种理念来思考装置艺术的设计，我们都应该正视它作室内空间的一部分，符合作为酒店公共空间的属性，必须要求其功能性与气质能够和这个空间的气质相统一，这样装置的意义才能够体现，同时也能够体现其严谨性。[6]

5.2.1 形态的协调统一

装置艺术因其制作方式与传统的艺术品相较而言更具有灵活多样的特性，受材料和制作工艺技术，材料的局限较小，具有很强可变性，被很多前沿的设计师运用于空间设计之中，且成为了未来发展的方向，被用来增加空间的趣味性与思想性，达到空间升华的效果。

5.2.2 品质与工艺的和谐统一

空间设计的最终目的就是为了营造一个理想的场所，一个没有属性且没有性格的空间是一个失败空间，装置艺术因为其自身的独立气质与识别性能够更好地表现出一个空间的气质和属性。装置艺术和其形成的场域一样具有独特性，因此要为求设计师和艺术家提出了要求，要求其具备很强的空间把握能力。（图17、图18）

人们常说酒店公共空间是酒店品牌精神的延续，而装置艺术也可以同理推论，是对空间的二次改造。室内空间在做每个界面的建造处理其实并没有完成，其只是一个初步，其空间还是一个模糊空间，直到其陈设设计的完成，才最终形成了这个空间。装置艺术的介入就使其在空间中提高了环境的指向明确，产生具体的场所与归属感，从而强化了空间属性。

5.3 人文原则

地域与民族文化

图17 装置艺术与品质、工艺的和谐统一 1　　　　　　　　　　　　　　图18 装置艺术与品质、工艺的和谐统一 2

地域与民族文化是一个地方特有的人文景观风貌，在设计之中结合地域文化的特征进行创作能够使作品具备人文品质，品相自然又具有异域风情。工业化和城市化让城市风貌千篇一律，在这种环境下地域文化开始受到重视，一种游客般的猎奇，与本地人耳濡目染的生活状态的延续。地域与民族的情感在当代设计中主要是通过设计的方法在空间中的呈现，比如本土特色、民族的服饰图案、装饰图案，通过使用符号象征性地呈现出来。陈设中的装置艺术与空间环境有机地结合在一起，能够使旅客深切地感受到当地独特的人文气息。[7]

5.4 装置艺术与酒店公共空间的结合方式

装置艺术介入到酒店公共空间的设计是时代发展的结果，同时也是设计师对于新的设计理念的追求,是在传统的设计理念上的突破。酒店公共空间中装置艺术的构件非常多,触目可及,从天花的吊灯到楼梯把手、陈设家具以及各种装饰品,包罗万象。不管采用何所方式,什么材料其目的都只有一个,那就是达到了其预期的装饰效果。制作装置艺术,大概有两条有迹可循的规律:一是融入环境,意象同一;二是造成对比,凸显效果。

5.4.1 语境再造

装置艺术运用得最多的方式就是颠覆原有的意境,出其不意地置入一些其脱离其语境的构造物,使其形成反转的差异感。如杜尚的装置艺术,它在现有的环境空间中,不对其对象进行融入语境的改造,反而加大其与环境的冲突感。在室内环境中也会遇到出其不意的闯入者来打破原有的空间。如在现代的环境空间中,放置一些做工精美的古代家具,现代的空间与古代的家具之间形成了一个很陌生的隔离感,两者脱离了原来的语境,被很突兀地糅合在一起,这种后现代的手法,改变了原来空间场所的意境,使闯入者的身份凸出,就像平静的水面被扔进一颗石头,整个空间变得有了活力。(图19、图20)

图19 装置艺术语境营造1　　图20 装置艺术语境营造2

5.4.2 篡改再造

篡改再造一般运用在综合绘画的领域比较多，常常采用剪贴、变形、涂抹的手段对物体在外形、材料、颜色上进行调换或者改造，改造部分保留一部分特征，与原有物体保持一定的差异，整体上又有所联系，比如杜尚的《蒙娜丽莎》。

5.4.3 转化再造

在创作中不再运用照搬、篡改的方式来进行装置艺术的制作，而是熟悉材料的性质，将传统的资源熟练地整合运用，利用形式语言进行重新创造，形成自己的风格。

装置艺术的创作手段是多种多样的，以上仅仅是一些基本的设计方法，真正的创作并非那么简单，对于设计者来说，运用装置艺术的酒店公共空间设计，不应该只停留在，功能，与形式美的基础上，而要体现其艺术性、社会性，反映艺术家对于社会的态度，同时也不能因此而固化自己的思维，要与时俱进开拓创新。[8]

第6章 装置艺术在酒店公共空间中的发展趋势

装置艺术因为其具有极强的灵活性和可塑性而被称为"活的艺术"。酒店公共空间的主题概念是该酒店的主题精神与风格，在这一空间中的陈设是其整体形象气质的重要组成部分，装置艺术作为酒店公共空间陈设的一个分支，随着人们对于酒店艺术性的要求越来越高，它被更多的消费者所接受，酒店公共空间的设计中形成了一种潮流。

社会的进步、经济的繁荣以及人们的消费观念的转变，使得装置艺术得到了推广与普及。新技术、新材料的不断涌现，使得从前只能在纸面上的观念能够比较经济的实现。当下先进的电子产品在装置艺术中的引用，也是一种推陈出新的局面，改变着室内设计的面貌。此外，参数化设计的兴起也是装置艺术的一次新的浪潮。

结论

装置艺术在室内公共空间设计中起着重要的作用，空间的表达效果也会因为装置艺术的魅力而更加精彩。正是由于陈设艺术设计的多元化与多变性，因此给它一个确切的界定比起我们熟悉的室内设计更有难度。有人曾说过：陈设艺术是相关空间的情绪化设计，空间有了陈设就有了表情。装置艺术是具有综合审美能力和艺术修养的专业领域，是室内设计更深入更细化的专业范畴，它将开启室内空间的深度认知。[9]

在如今重装饰轻装修的设计浪潮下，装置艺术是一种尤为重要的设计表达手法。室内陈设艺术是室内空间环境中最贴近使用者的部分，而装置艺术作为陈设设计的一个部分也能生动地展现生活状态的一个部分。这不仅是物质的展现，更是精神上的追求。在多元化发展的今天，幻想与现实，情怀与时尚，东方与西方，同步同时自由交叉发展，人们丰富自由的生活表现还大有余地。"生活艺术化，艺术生活化"在今天的社会中，应该从口号转化为现实。

参考文献

[1] 贾小飞. 解读造型艺术中的后现代主义 [J]. 大众文艺. 辽宁省渤海大学艺术学院 ,2010.

[2] 梁莉莎. 当代装置艺术状况研究 [D].[硕士学位论文]. 天津工业大学 ,2007.

[3] 徐秋苗. 互动多媒体装置艺术在展示设计中的应用——以 2010 年上海世博会为例 [D]. 中国美术学院 ,2011.

[4] 刘森林. 公共艺术设计 [M]，上海：上海大学出版社，2002.
[5] 张蕾. 景观装置艺术中的情感体验设计研究 [D]. 南京艺术学院，2014.
[6] 李申. 装置艺术在室内设计中的应用性的研究 [D]. 南京林业大学，2010.
[7] 刘洋洋. 探析装置艺术在室内设计中的转换与应用 [D]. 鲁迅美术学院，2014.
[8] 贺万里. 装置艺术与研究 [M]. 北京：中国文联出版社，1999.
[9] 李婧. 陈设艺术设计在餐饮空间中的应用研究 [D]. 内蒙古师范大学，2014.

后记 | Postscript

行走在寻找的过程

苏永刚
Su Yonggang

四川美术学院研究生处处长、
教授

  2011年国务院学位委员会新增艺术学为第13个学科门类，对于加快创新人才培养，提高人才培养和学位授予质量，使学位与研究生教育更好地适应经济、社会发展都具有重要意义，也是优化学科结构的一项重要举措。随之而来的人才培养模式也显得更为重要，特别是2005年艺术硕士的专业学位设立，对于实践性艺术人才的培养，注重创作实践技能的提高、突出专业特点，并兼顾艺术理论及内在素质的培养显得更有针对性，更符合艺术发展规律。

  在艺术设计人才培养同质化的今天，各培养单位都在积极探索不同的人才培养模式，在这过程中也积累了常规和俱进两方面经验。设计是与社会经济发展最为密切的行业，改革开放三十来年，我们正享受着设计带来的丰富而精彩的生活，设计教育与人才培养如何适应当代经济社会的发展，如何提升人才培养的质量和数量，这是高校必须直面的问题。

  社会经济的快速发展，新兴的互联网思维和大数据，使设计产生的文化、经济、市场的价值远远超过我们的预期。对于设计教育而言，转型就是基于造物结构，健全课程体系，即健全创新的、有价值的理念和相关学科的知识、技能；升级就

后记
Postscript

是提升学生自主创新的能力，而这一切都要通过实践这个重要的环节得以实现。因此，在人才培养的过程中，通过实践印证理论、发现问题、找到差异，形成培养特色。设计教育的本质是人才培养，而当今的设计教育存在设计实践结构的不完整性，也正是基于这样的背景，四川美术学院艺术设计研究生与深圳广田集团开展了联合培养工作站的模式，通过校内导师和行业导师相结合，理论与实践相关联，打通应用设计学科教与学、行与用之间的壁垒。探索高层次人才的精英化与差异化培养，希望通过这种尝试，探索出对中国未来设计教育的一种可借鉴模式。

从2014年的第一季到目前的第二季即将结束，两年的探索已经积累了可观的经验和成果，为进一步深化产教结合的培养模式打下了良好的基础。既然是探索就存在许多不确定性因素，需要时间和不断地总结、反省、理性的研究来得到科学合理的结果。我们今天的实践探索只是面对未来的一部分，相对明天而言，它的价值仍然是可贵的。

教育的目的是学会思考、选择，拥有信念和自由。中国经济转型需要教育转型，需要培养兴趣丰富、人格完整、能力健全的通识人才，更需要具有独立思考、创新研究能力的专业精英，希望这样的培养模式能实现这样的目标。

图书在版编目（CIP）数据

行　环境设计学科研究生校企联合培养的探索与实践 第二季 / 潘召南，肖平等著. — 北京：中国建筑工业出版社，2016.5
　ISBN 978-7-112-19408-7

Ⅰ. ①行⋯ Ⅱ. ①潘⋯②肖⋯ Ⅲ. ①环境设计－研究生教育－产学合作－研究－中国 Ⅳ. ①TU-856 ②G643

中国版本图书馆CIP数据核字（2016）第090560号

责任编辑：李东禧　唐　旭　张　华
书籍设计：汪宜康　陈奥林
责任校对：陈晶晶　关　健

行　环境设计学科研究生校企联合培养的探索与实践 第二季
潘召南　肖平　等著
*
中国建筑工业出版社出版、发行（北京西郊百万庄）
各地新华书店、建筑书店经销
重庆大正印务有限公司印制
*
开本：889×1194毫米　1/20　印张：11⅜　插页：6　字数：261千字
2016年5月第一版　2016年5月第一次印刷
定价：78.00元
ISBN 978-7-112-19408-7
　　　（28690）

版权所有　翻印必究
如有印装质量问题，可寄本社退换
（邮政编码 100037）